JN081248

毎日は発見と感動に満ちている

水族館飼育係だけが見られる世界

下村 実 著

ナツメ社

ミニ 水族図鑑

本書に登場する生物のうち、見た目がユニークなものや
美しいものを一部先取りで紹介します。

オス婚姻色

メス

オイカワ《コイ科》

西日本を中心に、河川や田んぼの用水路などでよく見られる魚。繁殖期のオスは鮮やかな色になり、大変美しい。

ウグイ
《コイ科》

琉球列島を除く日本の広範囲に生息する魚。繁殖期には産卵場所に向かって川を遡る光景が見られることもある。

ハリヨ《トゲウオ科》

おもに岐阜県や滋賀県で見られる魚。繁殖期のオスは体の側面が光沢のある青に、下部が赤に変わり美しい。巣を作って求愛することでも知られる。

ニッポンバラタナゴ《コイ科》

琵琶湖・淀川水系や四国北西部などに生息する。タナゴの仲間は二枚貝に卵を産み付ける習性をもつ。

ピラルク《アロワナ科》

アマゾン川流域に生息する魚で、体長は2メートルにおよび、淡水魚としては世界最大。

ブラックピラニア
《セルラサルムス科》

ピラニアの仲間は総じて歯が鋭く噛む力が強いが、食性や生活様式には差が大きい。

ブリストル朱文金(しゅぶんきん)《コイ科》

金魚の品種の一つで、日本産の朱文金をイギリスで品種改良したもの。

ロンドン朱文金《コイ科》

同じく朱文金をイギリスで品種改良したもの。姿形は金魚の原種であるフナに近い。

土佐錦魚(とさきん)《コイ科》

金魚の品種の一つで、土佐藩(現在の高知県)でらんちゅうとリュウキンをかけ合わせて生み出したのだという。

ジンベエザメ《ジンベエザメ科》

最大全長14メートルという、現在も生きている中では最大の魚類。熱帯から温帯の海に生息する。

ニホンウナギ《ウナギ科》

日本を中心に東アジアに分布。夜行性で昼は泥の中に潜む。写真は突然変異で体が白黒になった通称「パンダウナギ」。

チンアナゴ《アナゴ科》

本州中部以南の太平洋側などの砂底に、大きな集団を作って暮らす。顔を出して動物性プランクトンを食べる姿がユニークで人気。

イロワケイルカ《マイルカ科》

特徴的な配色からパンダイルカとも呼ばれる小型のイルカ。おもに南アフリカの南端、フエゴ島の周辺などに生息している。

マダライルカ《マイルカ科》

成長していくと名前のとおりのマダラ模様が現れる小型のイルカ。温帯から熱帯の外洋に生息する。

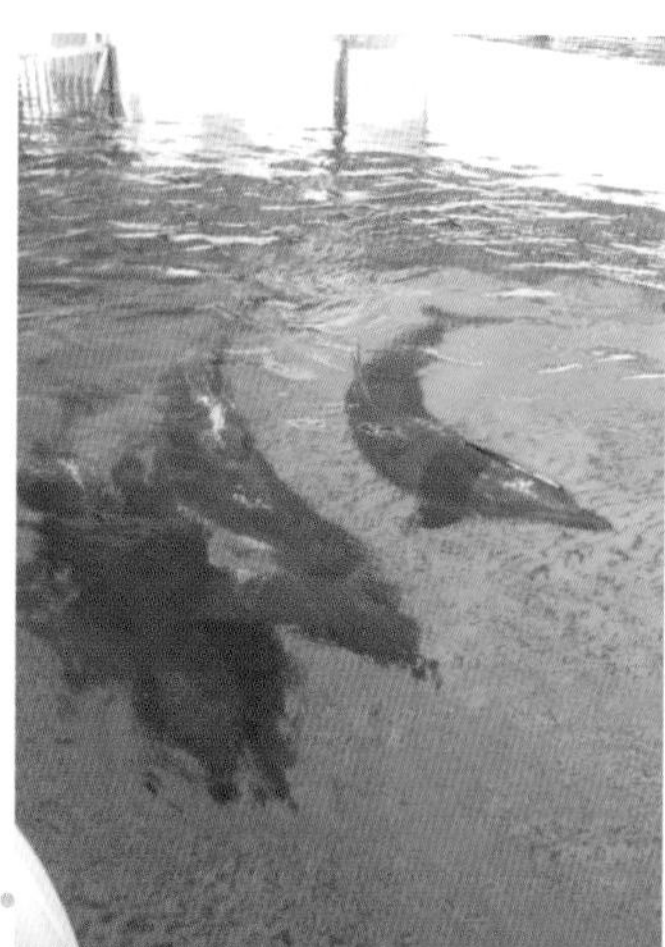

ハンドウイルカ《マイルカ科》

ずんぐりした体と太いクチバシが特徴的なイルカ。水族館などで最も一般的に見られるイルカ・クジラの仲間。熱帯から温帯の沿岸域に生息し、湾内などで暮らす群れもある。

ゴマフアザラシ《アザラシ科》

北海道以北の太平洋に生息する鰭脚類(ききゃくるい)(脚がヒレ状になっている動物のグループ)。体全体に斑点のような模様が見られるが、幼いうちは外敵から雪に紛れて身を隠すため、白い毛に覆われている。

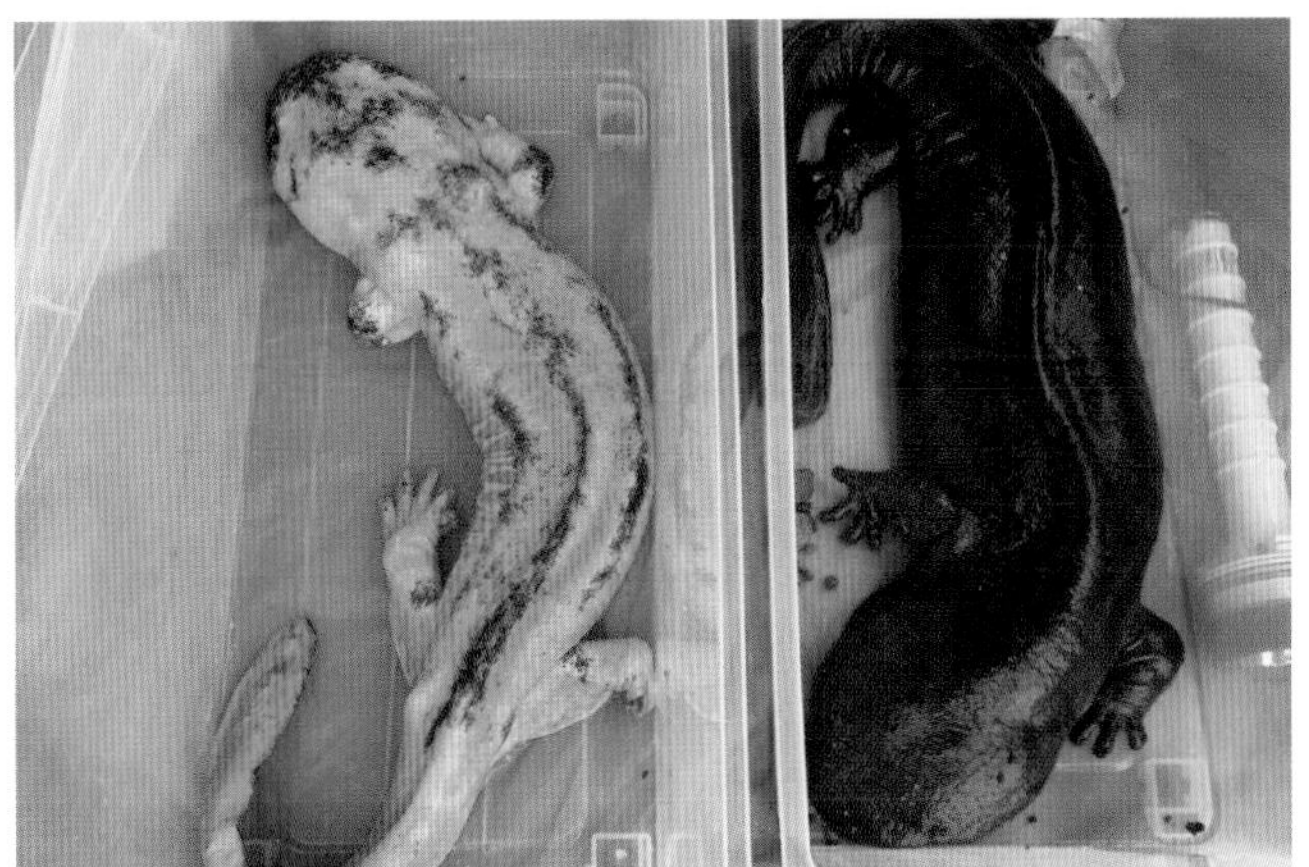

オオサンショウウオ(交雑個体)《オオサンショウウオ科》

おもに川の上流域に生息する世界最大の両生類。写真はチュウゴクオオサンショウウオとの交雑個体で、左は色彩の変化が見られる。

作中に出てくるおもな場所

著者は水族館で展示する生きものを採集するために、日本各地を飛び回ってきた。そのうち、代表的なところを写真とともに紹介。

玉之浦(たまのうら) ●長崎県五島市玉之浦町

五島列島最大の島である福江島の南西部にある名勝。自然豊かな湾で、夏には観光客も多く訪れる。著者が魚の採集に訪れた場所の一つ。

芥川(あくたがわ) ●大阪府高槻市

高槻市の中央を流れる淀川の支流。著者が幼いころに魚などを捕まえていた川。

清水港 ●高知県土佐清水市

足摺(あしずり)半島の北西部に位置し、古くから良港として知られた。著者が魚の採集に訪れた場所の一つ。

写真提供：海遊館

海遊館

●大阪府大阪市港区海岸通1-1-10

1990年に開館した世界最大級の水族館。上写真はジンベエザメの泳ぐ太平洋水槽。最初のジンベエザメ導入には著者が深く関わっている。下写真は外観。

写真提供：海遊館

写真提供：海遊館

大阪海遊館 海洋生物研究所 以布利センター

●高知県土佐清水市以布利539

海遊館に展示する生きものの収集と飼育を行う施設だが、水槽の一般公開も行っている。著者が一時センター長を務めた。

京都水族館

●京都府京都市下京区観喜寺町35-1（梅小路公園内）

2012年に開館した完全人工海水利用の内陸型水族館。来館者を出迎えるオオサンショウウオの展示（下写真）はインパクト大。著者は立ち上げから関わり、のちに館長を務めた。右写真は大水槽。

写真提供：京都水族館

写真提供：京都水族館

すみだ水族館

●東京都墨田区押上1−1−2 東京スカイツリータウン・ソラマチ5〜6階

2012年に開館した水族館。京都水族館と運営母体が同じであるため、著者が立ち上げに関わった。写真は外観（左）とペンギンプール（右）。

写真提供：すみだ水族館

写真提供：すみだ水族館

四国水族館●香川県綾歌郡宇多津町浜一番丁4

2020年にオープンした水族館。四国に生息する魚たちを中心に紹介しており、生きものがなるべくストレスなく暮らせる展示が心がけられている。

著者が撮影した四国水族館開業前の様子。

はじめに

皆さんは、日本にはどのくらい水族館があると思いますか？

日本は「水族館大国」といわれるくらい、多くの水族園・館があり、その数は100にものぼります。

なので、少し足を延ばせば、皆さんも、水中、もしくは水辺の生きものたちに出会うことができるのです。

私はその中のいくつかの施設で飼育係として携わって来ました。

そこで、私は、今まで知らなかった、彼ら（生きものたち）の新たな面が次々と見えてくることに気づき、驚かされました。

それは、本やテレビなどで見聞きして、「知っていた」つもりでいた、彼らの姿とは程遠いものでした。

飼育するからこそ見られ、感じられる、「リアルな」生きものの姿がそこにあったのです。

毎日が変化と発見の連続で、あっという間に時が過ぎ、気づけば私は30年以上も飼育係だけをして、生きてきたのでした。

このように、私が彼らからもらった感動を、来館される方にもお伝えしたい！と日々、試行錯誤しているのですが、なかなか、もどかしさがあります。

本書では、私が飼育係として実際に現場（館内外）にいるからこそ、感じられたことを思いつくままに記していきたいと思います。

彼ら、生きものたちは、二度と同じ姿を見せてはくれません。

そんな彼らの、一瞬一瞬のリアルな姿を感じていただけたら、そして、読了後には「水族館に行ってみようかな」と思っていただけたら、うれしいです。

というか、本書を手に取られた段階で、皆さんは、すでに水族館に興味をお持ちでしょう。

その興味を更に深められますよう、頑張って慣れないデスクで執筆しますので、しばしお付き合いくださいませ。

四国水族館　飼育展示部長　**下村実**

もくじ

2章　OBICセンター長になっても企画展示に悩む日々——93

3章 京都水族館へ転職——オオサンショウウオとの出会い——143

4章 四国水族館でこれからの展示のあり方を考える —— 199

序章

水族館の飼育係になるまで

水族館の飼育係という仕事

学生たちに聞いた「将来やりたい仕事は？」的なランキングに、「飼育係」もたまーに入ることがあります。「ほうほう、うれしいなあ」とよくよく見ると「動物園」の、なんですね。やはりモフモフ系は不変の人気があります。水族館にも毛が乾いたらモフモフしている海獣類はいるのですが、基本的に濡れてベターッとしています。そこは「水族（すいぞく）」、水中や水辺の生きものたち。犬や猫のようにスキンシップに適した方々ではないんですね。たまに魚類にも「触れるよー、なでなでできるよ」という方も見受けますが、あれは懐いているのでなく慣れている？　という感じです。粘膜で覆われている魚類を、触って愛（め）でるのは違うのではないかと思います。「では爬虫類（はちゅうるい）は？」といわれることもありますが、ごく一部の例外を除いて、やはり「触る」生きものではないと思います。

で、ある意味、私たち人間と結界のように線が引かれている、この「水族」という方々は、私たちに自然界への畏怖とか畏敬の念を感じさせてくれる「かも」しれない、とてもすごい生きものたちなんです。「水族」とひとまとめにしましたが、ざっと挙げても魚類・

甲殻類・頭足類・両生類・爬虫類などなど、すさまじい数になります。これに、いわゆる水草・水棲昆虫・海獣（なぜか鳥類のペンギンもよく含まれます）を加える場合もあり、まあキリがない（ありますけど）ほどです。

水族館の飼育係は、これら「水族」のお世話を仕事としています。

「お世話」はその方々のことをよーく知らないとできません。例えば、皆さんにとって身近な金魚をキチンと飼育するとしましょう。金魚だけでも一般的な品種、リュウキン、ワキン、デメキンなどなど観賞魚店でもざっと10以上の品種が販売されています。身近な金魚でも詳しくみると「好みの水温」「同居に不向き」「餌が違う」とかがあります。

ペットとして家畜化された金魚でさえ（元はみんな同じフナですよ）多様ですので、野生からの導入※となりますと、考えることは膨大になります。いささか乱暴ですが「衣食住」に分けて説明してみましょう。

まず「衣」です。魚たちは服を着ませんが、体温を保つという意味では「水温」が近いですね。これは0～35℃くらいの範囲で種類や状況によって調整します。

「食」はそのもの「餌」です。生の餌として鮮魚だけでも約50種はあり、それを生きものごとの口に合ったサイズでカットします。他にも野菜や果実、昆虫類とかで数十種類くらいの選択肢があります。さらに配合飼料等が数十種類。これらを組み合わせて栄養のバランスを整えます。

「住」、つまり「家」については、適正な棲み家のサイズを考え、隠れ家などのチョイスもします。候補となる組み合わせは多数考えられますが「お客様が観察できて生きものにストレスがないように」するのが、なかなか難しいのです。

などなど……。当然ながら「そもそも、どうやって導入（採集を前提にしてます、私）するの？」という問題も発生します。

飼育とはその生物が自然界でどのように暮らしているか？　を徹底的に調べて、それのシミュレーションをすることだと思っていま

イルカの飼育中の著者（海遊館時代）。

す。その中で、新たな発見なんかもあります。これを見つけた時は「おおー、すごいなあー」と鳥肌が立つくらいに感動します。新しい発見でなくても、普段の姿を見ているだけで「ああすごいな、きれいだな、かっこいいな」と勝手に感動しています。

で、これを皆さんに見てもらうために、彼ら彼女らにできるだけ快適に生活してもらうことを常に頭に置いて「展示」しています。「今日も元気かな？　泳ぎは？　目のツヤは？　呼吸数（エラの動き）は？　肌ツヤは？　ヒレの具合は？　海獣なら歯茎の色は？　舌の色は？　体温は？　吐息の匂いは？　動きは？　目のハリは？」とかですね。日々楽しみつつ苦悶しつつ、お客様が楽しそうに観覧されているのを見て安堵のため息をつき、顔などに張り付いている乾燥した魚の鱗をぺりぺりと剝がしているのが、水族館の飼育係なのです。

当然これだけではありませんので、詳しくはおいおいお話しさせていただきます。

※導入　野生から採集して水槽に入れて馴染ませ、展示をすること。搬入とも。

幼少期から生きものまみれ

私は、大阪府高槻市の17代続いている家で生まれました。すごい名家に聞こえますが明治維新までは西国街道の馬借（今でいうレンタカー?）で、代々「○○代、馬借、利右エ門」という戒名が残っています。そんな家でしたから、馬が休めるように庭やら畑やらがすごく広かったのです。その庭には多数の生きものが生息していました。

よく「いつから生きものに興味を持ったのか?」と聞かれるのですが、思い出せないのです。物心つくころから、虫やらカエルやらトカゲやらに囲まれて暮らしていました。例えば、親に連れられ買い物に行くと、私は鮮魚屋さんの前に置いていかれます。そこで親の買い物が終わるまで、ひたすら魚を見ていました。そして、家に帰ると毎日違う魚を粘土で作っていたそうです。うっすら記憶にありますが、確かにそんな感じでした。鮮魚屋さんには迷惑をかけていました。申し訳ございませんでした。

家も江戸時代のまんまでした。というと、すごいお屋敷とかと思われますが、前述したように「馬借（ばしゃく）」の家でしたから、家の中央がポッカリと空洞なのです。馬用のスペースですね。馬たちが中心で、人間はその周りで生活という感じでして、台所から居間までは、一度、馬用地面に降りてツッカケを履いて移動するという、実に不便な家でした。ちなみにトイレは外です。雨だろうが真冬だろうがトイレは野外に出なくてはいけない。

マキ風呂だったので、マキを積んでいるところでキラキラ輝くタマムシにドキドキしていたのはおぼろげに覚えています。今でもタマムシを見ると、うれしくてたまりません。カナヘビの卵を、そうと知らずに「弾力のある何か」として、床に落として弾むのを見ていました。後でカナヘビの卵とわかって、真剣にカナヘビへ謝罪しました。

自然の驚異というか怖さも、庭で体験しました。幼稚園のころ、文鳥の鳥カゴを庭に出して日光浴させていたら、大きなヘビ（アオダイショウ）が入って文鳥を2羽とも食べてしまっていたのです。お腹が膨らんだヘビはカゴから出られません。母や祖母はパニックです。私は泣いていたと思います。結局、ヘビは文鳥を吐き出してカゴから出ていきました。その時の光景は、いまだに記憶にはっきり残っています。私はその時ヘビが憎いというより「すごい」と思い、文鳥たちにはひたすら「ごめんなさい」と謝りました。

ニワトリやらウズラもタマゴ用に飼育していて、たまにイタチが来るので追い払っていました。そのイタチが屋内に逃げ込んでパニックになり、いわゆる「イタチの最後っ屁」

をされまして、その臭いのすごいこと！　しかも取れないので、畳を交換することになりました。

そんな家ですから、ようやく畑を売って建て替えとなった時は、地元の民俗学者さんが「歴史ある家だから残しなさい」とか言ってきたほどです。父は「ほんならあんたら住んでみい！」と本気で怒鳴っていました。

そんな父は、当時、熱帯魚を玄関で飼育していました。思えば初めて覚えた熱帯魚です。種類はパールグラミーやエンゼルフィッシュで、パールグラミーが死んだ時は泣きながら庭に埋めた記憶が残っております。海水魚も飼育していたそうですが、餌のアサリがなくてシジミを与えたと、夫婦喧嘩していました。海水魚にアサリ以外を与えるのはよくない、ましてや川に生息するシジミなどもってのほか、という感じです。

ウルトラマンより怪獣が好き

小学生のころは、ウルトラマンが大好きな普通の子どもでしたが、主人公より爬虫類系の怪獣が大好きで、それをイジメる正義の味方は嫌いでした。いわゆる「怪獣ごっこ」では、みんなはヒーロー役をしたがるのですが、私は絶対に嫌で、怪獣以外はやったことがありません。いまだに※テレスドンを見るとかっこいいなあと思います。あれ完璧ですね。

このあたりから魚獲りが一人でもできるようになり、時間があれば近くの芥川（あくたがわ）や田んぼの用水路で魚採集ばかりしていました。高価な釣り竿なんてありませんから、長い枯れ枝を釣り竿に、木綿糸の釣り糸にクリップか何かを針にして、餌はミミズかウドン。そんな仕掛けでもたまーにフナが釣れていました。ある日、見かねた親が竹でできた延べ竿を買ってくれました。どうも枯れ枝を持って川に行っているのを止めるためだったみたいです。

夏は網を持って川に入っての採集です。いわゆる「ガサガサ」ですね。オイカワやカワムツにテナガエビたちがほとんどでしたが、ある日カマツカが獲れました。初めて見たカマツカに私は狂喜乱舞して、オイカワなどと一緒にバケツに入れて持ち帰りました。大事に飼育しようと思ってのことです。帰宅してそのまま家にバケツを置き、近所の友人が誘いに来たので遊んで、帰宅したら夕飯の時間でした。

カマツカたちは見事な佃煮になり食卓に現れました。同居していた祖母が「今日は実（私です）が美味しい魚を獲ってきてくれた」と言っていました。祖母や祖父たちはカマツカが美味と知っていたのです。さすが明治生まれ。私にはその飴色に料理されたカマツカの姿もまた脳裏に焼き付いています。

人間の記憶力はすごくて魚類図鑑の魚は全て記憶していました。次いで昆虫、動物を覚えました。図鑑セットを買ってもらっても魚とかしか見ないので、数年前までまだ手元にあったその図鑑セットを見ると、魚の巻はボロボロでしたが宇宙の巻は完全に新品でした。

また、当時は夏になると商店街とかで露天商の方々がカメやヤドカリを販売していました。それを見るのが大好きで、毎日のように見に行っていました。露天商のおじさんより飼育方法とかに詳しかったので、売れた時に横で飼育方法を説明する係になり、やがて、おじさんが昼ご飯で離れてい

カマツカの仲間。現在では3種に分けられており、当時の芥川に生息していたカマツカが、どの種類になるのか、今となっては確認できない。
写真提供：花崎勝司

る時とかに店番を任されるようになりました。最後には一日中店番をするようになっていました。私は何とも思っていなかったのですが、近所のおばさんが目撃しており「下村さんとこの子が、商店街の露天でカメとかを販売している」と母に伝えたため、祖父含めて家族総出で怒られました。

そんな子どもですから、クラスのお誕生日会とかでプレゼント交換をする時、「ヤドカリ飼育セット（ヤドカリ付き）」を出したのですが、誰も（特に女子ね）もらってくれませんでした。5年生の時です。はっきり覚えています……。そら、いらないよね……。

※テレスドン　ワニ的な横に広がる口が特徴的な怪獣。凶悪な目の形をしていて、少し猫背なため「かかってくる」感じがする点が著者のお気に入り。

「オ…オイカワ…という魚なんやけど」

中学生のころバドミントン部に入りました。というか友人から「男子のバドミントン部を設立すべき。まずは女子に交じることになるけど、部に入って」と言われて入ったのですが、結局、独立は叶(かな)わずでした。

バドミントンは楽しかったのですが、それ以上に生きものの飼育や採集にハマり、もう抜け出せなくなっていました。バドミントンの部活中の楽しみというと、夏休みの練習後にはプールの使用が許可されていて、タイコウチやミズカマキリなどの水生昆虫を見つけられたことでした。捕まえて喜んでいる私を、女子は変な目で見ていたと思います。

そんなある日、仲良くなった女子となんとなく放課後会いましょうとなりまして、そりゃもうソワソワしながら待ち合わせの芥川に架かる橋のたもとに向かいました。かなり早めに着いて待っていたところ、川を見ると※婚姻色が出たオイカワが多数泳いでいます。「おおー、これはこれは……」「まだ時間はあるし、大丈夫だな」と思って、イソイソと素足になってズボンの裾をまくり、スルスルと川に入ります。そして、生い茂った水草の間に手を入れました。この時期のオイカワは肌が硬く頬のあたりに硬いギザギザが出ており（オスだけですが）手で掴みやすいのです。

掴んだ時の「ぐぐっ」とした魚たちの筋肉の躍動感。傷付けないように「握る」ではなく「両手の指でカゴを作って囲むようにする」緊張感。このころの経験が本当に今でも役立っています。思えば、今でもこの当時と同じことをしているのですね。

さておき、捕獲したオイカワたちは、真夏の太陽光線の下で見るとですね「おお、何と美しい」と、思わず声が出ます。感動しながら、捕獲した魚たちを河原に石でプールを作ってそこに入れる、というのを夢中でやっていました。ふと視線を感じて土手を見上げると、変な生きものを見るような表情で待ち合わせの彼女が仁王立ちしていました。それはもうすごい視線でした。いまだに覚えているくらい、トラウマになっています。

私が「オ…オイカワ…という魚なんやけど…きれいだよ……ね？」と掴んでいたオイカワをそっと見せると、彼女は無言でその場を離れていきました。思い返せば、あれで青春が一旦終了したのだと思います。思い出したら泣きそうです。

そんな中学時代でしたが、2年生の臨海学校の途中、親戚が急に車で迎えに来ました。急な用事が発生したと言って、家に無理やり連れ帰られました。すごく嫌だったのと、見送る先生の顔が今まで見たこともない神妙なものだったのを覚えています。

帰宅すると、親族が全員揃っています。「なんだ？」と思っていたら、私には6歳上の兄がいたのですが、その兄が留学先のカナダで事故死したと告げられました。正確にはその事故を報じていた新聞を無言で見せられました。

夏はテニスに冬はスキーを楽しみ、地元の進学校で美術部とテニス部の部長をやりながらギターも弾いている、という私とは真逆の人間でした。ちなみに私はテニスもスキーも全く経験がありません。投網ならすごいですよ。

それはさておき兄ですが、高校を卒業してからは語学留学でカナダへ渡っていたのです。兄が運転していた車が、後ろから追突されて谷底に落ちて、乗っていた5名中3名が亡くなるという大事故でした。後で一命をとりとめた方に話を聞くと、当日はすごい大雨でした。そのうちに雨が上がり、強い西日が道路に反射してまぶしいから車を道の端に停め、みんなで記念写真を撮り、そして車に戻った瞬間に後ろから追突されたそうです。

私は、ものすごい虚無感に襲われました。「あんなに何でもできた兄が、こんな簡単に」「勉強とかって結局なんなんだ」みたいな感じでした。今にして思えばですけど。で、グレました（笑）。すねたのかな？　自暴自棄？　今でもうまく説明できない感情が湧いていました。

このあたりでさらに魚にのめり込みます。投網も覚えました。家の近くで「YM水族館」という熱帯魚店を経営されていた中川さんが、投網を含めた魚全般の師匠なのです。ほとんど毎日、店に入り浸りでした。遊びはほとんど生物関係になって、魚捕りか生物飼育でした。ちなみにテレビゲームは触ったこともないです。投網で採集したアユなどの魚を、家の畑で育てていた獅子唐と一緒に、庭で七輪（大阪ではカンテキと呼んでました）を使って炙り、一人で食べているという風流？　な嫌なガキになりました。

※婚姻色　繁殖期になると現れる体色。

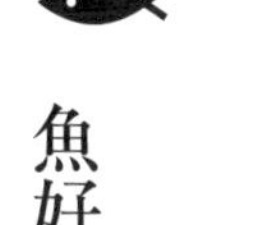

魚好きの不良、ギリギリのギリで大学へ

勉強を全くしなかったので、高校は地元のそういう……というか、それでも入れる高校へ通っていました。相変わらず採集に飼育にという生活でしたが、音楽も好きで、バンドもやっていて、ベース担当でした。歴史小説も大好きで、多趣味だったと思います。

こうした趣味は今でも続行中ではありますが、一番のめり込んだのはやはり生物関係です。文化祭では「下村の家の魚やらカメやらを展示しよう」となったこともありました。

また、中学からの友人（違う高校の）と、地元芥川の魚類について調べて、関西の高校の生物部による発表会に出して、表彰されたこともありました。その発表をまとめるためには投網が非常に役に立ち、上達したものです。なぜか表彰は全校朝礼で校長先生から改めて賞状を受けるという大層なものになり、槍投げで陸上の大会に出て入賞した同じクラスの友人と同時に授与式となりました。担任の先生が「俺のクラスから二人も同時に文武で表彰されるとは！」と泣いておられました。

表彰される生徒が出て先生が泣くくらい、とにかく「お行儀の悪い生徒の集まり（まあ不良ですね。ヤンキーというか）」として有名な高校だったので、進学したのは私を含めて2名でした。私は高校2年あたりで魚をもっと知りたい（勉強したい）となり、ということは、「大学行かなアカンのかあ」と思いたって、ではと放課後に教員室へ出向き「勉強教えてくれ」と、先生にお願いしたのです。先生方はかなり困惑されていました。で、ギリギリのギリで近畿大学へ入れました。無理して入ったから、卒業に5年かかることになります。

水産学科？　いいえ、食品栄養学科です

近畿大学へ入学、となると「あー水産学科ですね」と確実に言われるのですが、当時は農学部には水産学科・農学科・農芸化学科・食品栄養学科があり、私は第2志望の食品栄養学科にギリギリ入れました。途中で水産学科への転科試験を2回受けるも、「こんな成

績で何の用だね」と落ちました。

代わりにというわけではありませんが、サークル活動では農学部公認の水産実理研究会に入り、魚三昧の日々でした。部員は約１００名で、私以外は全員水産学科でしたが、会長職を任せられて、サークル活動でも投網やら潜水やら、ひたすら魚魚魚亀蛇虫その他諸々……という生活でした。

この時に特に感動したのが大学での研究用として許可を得て採捕した「ニッポンバラタナゴ」のオスの婚姻色で、腹の紅蓮の赤ですね。そして「ハリヨ」のオスの婚姻色の、青色というかコバルト色です。腰が抜けるほどの衝撃できれいでした。図鑑でも見られますが、実物を太陽の下で観察すると、もう別世界の美しさでした。

春や夏には沖縄は西表島（いりおもてじま）に夢中になりました。海に行きますが、私は青い海に背を向けて、たも網と投網を背負い川に向かいます。ここにはどうしても会いたい魚たちがいました。その名もタナゴモドキ、タメトモハゼ、ツバサハゼたちです。どれも簡単には姿を見せてくれません。

八重山の日差しの中、細流に網を入れつつ周りを見渡すと、人工的な音が一切なく、サラサラとした葉が風に擦れる音のみ。風が止むと無音の世界。でも、あちこちに生命の気配は強く感じます。空は雲一つなく、ひたすら青い。肌がヒリヒリし、みぞおちにこみ上げるモノがある感じです。五感＋それ以外の何かの感覚が一気に開いたとでもいえばいいのでしょうか？　その時に私は「あー幸せだ」と一人で大きな声を上げていました。今でも昨日のことのように鮮明に記憶しています。

　あの感覚は、あれからも数回ありました。物欲的なうれしいではなく。あの感覚を忘れずにいたいものです。もう残り少ない人生で、あと何回このアドレナリンだかドーパミンだかわかりませんが、それら全開の幸福感を味わえるのかなあ？　と、やや不安になる今日このごろではあります。

　さて、このサークルの同期には現在でも大きな水族館等の飼育係などとして活躍している友人がいます。そのなかでも、鳥羽水族館に勤務する若林君は、スナメリについては国内で有数の知識・経験を持ち、それ以外でも森羅万象について博識なので尊敬している人物です。変わったやつですけどね。また、アクアピア芥川や大阪府岸和田（きしわだ）市の博物館に勤務する花崎君は、魚類調査を通じて子どもたちに自然をしっかり紹介しているすごい男です。とんでもない大酒飲みですけどね。

　先輩や後輩には、著名なハゼ類の学者や、魚類全般のすごい学者さん、水族館館長等がおられて、本当にこのサークルに入ってよかったなと、人のつながりは本当に宝だなあと、しみじみと感じています。

さて、このころから自宅で飼育している生物も徐々に増え始めました。魚類・両生類・爬虫類に加え、甲殻類やら昆虫やらで水槽が50槽近くになりまして、ついに家の床が水槽の重さで抜けました。水槽の水が床に大量に流れ出て、ちょっとした池みたいになりました。さすがに両親に怒られましたが、飼育中断とはならず。寛大な処置に感謝です。

イベント設営はガム1パックとともに

当時からそんなだったから、仲間うちで魚とかを中心にしたイベント会社の立ち上げとなりました。私はまだ学生だったので、大人に交じっての仕事でした。夏休みなどのデパートでよくあった「アマゾン展」とか、そんな展示会を運営する会社です。百貨店ですと、閉館してから翌日の休館日を含めて次のオープンまでの2日間に、大小50近い水槽に水を入れてろ過槽を設置してレイアウトして魚を入れる……という仕事内容でした。

今なら絶対にダメなのですが私一人で設置をすることになった時、丸2日間一睡もせず、水分補給だけで作業したこともあります。眠気覚ましに1パックのガムを口に放り込んで、丸2日間噛んでいました。何とかオープンに間に合った時に「ガムって48時間咀嚼しても無くならないのだ」ということにぼんやり感動していたのを覚えています。数日間は顎が痛くて寝られませんでした。

このイベント会社で、魚以外の生物の飼育が体験できたのも、今になって思い返せばとても大きな勉強でした。例えば、カピバラの便はそのまま人間用のトイレに流すと詰まる可能性があるから、手で潰してから流すこと。ナマケモノには餌にたっぷり水分を吸わせてから与えることで水分補給をすること。ミーアキャット用の餌虫にはあらかじめ塩土を食べさせてから与えること、などなどです。

そんな大学生活でしたが、卒業をひかえてそのままイベント業でもするかな？　と思っていた時に「まだ極秘だが、大阪で水族館を造る計画があり、魚に詳しい人間を探している」と、とある役人さんから声がかかります。「ほんまかいな」と思っていたら、ほんまでした。それが「海遊館」です。当時は「大阪ウォーターフロント開発株式会社」という第三セクターでした。

1章

海遊館入社――
魚を集めるにはまず
酒を飲みます

大量のＦＡＸに埋もれた新入社員時代

　私が入社したころの大阪ウォーターフロント開発株式会社（現在の株式会社海遊館）は、社長以下約10名（非常勤の方々除く）で、最初の仕事は貸しビルの部屋に机を運んで事務所を作ろうということでした。水族館（海遊館という名称はずーっと後に命名されました）と水族館横のマーケットプレースが大きな二本柱で、全体で「天保山（てんぽうざん）ハーバービレッジ」というとても大きなプロジェクトでした。

　水族館の担当は、私と大阪ガスから出向された室長さんの二人だけでした。当然まだ生物は何もいなかったので、仕事中はスーツとネクタイ姿。私が一番若かったので、定時の1時間前には出勤して、皆さんの机の掃除、新聞の整理などをしていました。今では考えられないですが、当時は普通に机でタバコを吸う時代ですから、灰皿掃除とお茶の用意、共同ビルだったので週2で便所掃除をしました。

　当時、パソコンなどはありません。朝出社すると大量のＦＡＸが溢れて、床の上に散乱していました。実は海遊館と隣接するマーケット全体がアメリカの設計なのです。アメリカの有名なボルチモア国立水族館などを設計したすごい設計会社が担当しており、図面やら、展示内容などの全体コンセプトやらが、毎朝ＦＡＸで送信されてきます。当然ですが言葉は英語で単位はインチです。私はそれをかき集めて、水族館の書類なら頭に小さくＡＱ、マーケットの書類ならＭＰと表示されているので、コピーして担当の方々の机へ。

それを受け取る担当の方々は、商社から出向してこられていた超一流のビジネスマンばかりです。タイプライターであっという間に返信を作成して（当然、英語です）、それをＦＡＸで流す、という日々でした。

この時の方々は本当に極めて優秀なビジネスマンばかりで、これまた今まで生物まみれの私には目から鱗というかカルチャーショックでした。「サラリーマンってこんなにすごくかっこいいのか」と感動しました。英語は当然として、フランス、ドイツなど数か国の言葉を普通に使用して作業をこなしていました。開業後はそれぞれ本社に戻り、後にほとんどの方が社長や重役になられています。

ここまでは建物についての話がほとんどでしたが、ついに「展示生物予定一覧」的なＦＡＸが届きます。見つけた時は心躍ったものです。ワクワクしながら拝見すると……当時はアメリカには日本の情報が少なかったのでしょう、日本のコーナーには普通にニホンカワウソ（いや絶滅してるし）とかもありました。そのわりには「ヤゴ5匹」とかやたら細かい指示もありました。「ガラパゴス」のコーナーの情報をつらつら見ていると、ふと目に留まったのが、「ホエールシャーク」複数匹という箇所でした。そうジンベエザメです。

「あれ飼うの？」常務の指示でジンベエザメ捕獲へ

大学の時、沖縄海洋博記念水族館（今の沖縄美ら海水族館）にて初めてジンベエザメを見た時は、こんな大きな魚なんだ（まだ小さい個体でしたが）と、愕然とした記憶しかなく、「あれ飼うの？」となりまして、プロジェクトの実質的なトップたる常務（怖い方でした）に恐る恐る尋ねると、「そうだ。ジンベエを入れるための水槽を造る。お前は捕まえて運んでこい」と、何の迷いもなくきっぱりとおっしゃるのです。1988年の話です。

戦慄しました。あんなデカい魚をどうやって運ぶんだ？　その前にどうやって捕まえるんだ、あれ⁇　常務（怖い方でした！）は「わしはジンベエ以外は興味ない。あれを飼うためだけに大型水槽を造るのだ。わかったか？」と有無も言わせないというか……「はい」としか言えませんでした。

年が明けて昭和天皇が崩御され、平成になりました。事務所では「崩御って英語でなんというんだ？　下村君、英字新聞買ってきて」（結局〝death〟でした）とか話しながら、いつものように作業していたら「近くの倉庫を数棟借りたからタンクを並べて魚をストックしていこう」という話になりました。

やっと現場だ。さらばネクタイ（今でもネクタイは苦手です）。1989年6月に生物収集基地を長崎県五島（ごとう）列島の福江島（ふくえじま）玉之浦（たまのうら）と、高知県土佐清水市、沖縄県の本部（もとぶ）に設置しました。ついに、生物収集が開始されたのです。

土佐の漁師と幻の初代ジンベエザメ

私は最初、高知県土佐清水市に向かいました。ジンベエザメの主な生息地は熱帯の海なので、日本で毎年目撃される、定置網に入るというのは沖縄地方だけでした。沖縄以外の地域では、九州や高知県、和歌山県で春から夏に黒潮に乗ってたまに姿を見せる程度でした。当時は、極めて稀に日本海側でも捕獲されることがあるよ、という程度でした。

よってジンベエザメ＝沖縄が当然の話だったのですが、遠いなあ、運ぶの大変だなあ、ということで、海遊館から比較的近い高知県でジンベエザメを捕獲できないか？　という挑戦でした。そこで高知県出身で水族館経験のある方と、私の2名で基地設営に向かいました。基地としては一軒家を借りましたが、風呂の屋根は壊れて抜けていましてリアル露天風呂でした。庭があったので、そこで炭火で魚を焼いたりしていました。

水族館の魚は「専門に採集される」のではなく、「漁獲された魚を分けていただく」のが基本なのです。よって、漁業者の方々からの信用は何より大切です。

高知県は酒の文化？　がすさまじく、「飲め。話はそれから。さもなくば帰れ」という感じでした。水族館で展示している魚の多くは、漁師さんからすると「市場価値が低い」種類で、「水族館用に手間暇かけるなら、市場価値が高い種類をちゃんと漁獲したい」というのが当然の話なのです。そこを何とかお願いしますー、という話をする場合は、現場の漁師さんとしっかりコミュニケーションを取らないと始まりません。彼らは「漁師は心意気だ。金では動かない」という方々ですので、いわゆる「飲みニケーション」が必須でした。

お酒は強いほうだと思っていましたが、土佐の漁師はケタが全く違いまして、毎晩毎晩飲むのです。でも、朝は4時とかに起きて漁に向かいます。朝飯は船上で獲れたての魚を錆ついた包丁でさばく「刺身」と酒です。

ここでは魚種ごとの食べ方や旬を体験できて、今でも本当に勉強になったと感謝しています。例えば「戻りカツオ」※です。これはもう歯に絡みつく粘弾性と旨味成分の塊で、のけ反るほどの美味でした。トビウオやカマスは、酢醤油に大葉とミョウガを刻んで少し味噌を混ぜます。これが合うのです。誰が考えたのでしょうか？　しみじみ感動しました。高知の醤油は少し甘めなんですが、これがまた魚に合うのです。スルメイカは炙りますが肝ごと食べます。その絶妙な甘みと旨味は、泣きそうなほど美味いのです。イワシの仲間やキビナゴは、包丁ではなく指でさばきます。さっと三枚にして海水ですすいでいただきま

漁に同行する著者。

す。そして酒です。朝日を浴びながら、港に帰るまでの間に味わう魚と酒は、（今にして思えば）最高の贅沢でした。

昼食は基本的になし。夜は、基地に漁師さんが、自分たちで釣った魚を手に集まってきます。16時くらいから集まり始め、そのまま飲み会です。基地の隣が酒屋さんでして、酒がなくなると、すぐに買いにいけました。余談ですが、1年後には酒屋さんがリニューアルオープンするくらいに酒代を払いました。

このような生活を1年ほど毎日続けたところ、あっという間に胃潰瘍になりました。で、入院したのですが、漁師さんがお見舞いに来てくださります。「下村悪かった。足らんかったな」とお酒を持ってこられます。本気で酒で消毒したら胃潰瘍が治ると思っておられるのでした。あと、「これ飲んだら治る」と、ドロドロのマンボウの肝臓を煮詰めたものをいただきました。あまりにも生臭くて、口に入れたら数日は生臭いのが取れず、閉口しました。効果があったのかはわかりません。

そうしているうちに、大型魚用のイケスやら網やらをやっと用意できて、「明日は休みね、今晩は飲みまくれ」と関係者一同で祝いに夜遅くまで飲んで騒いで、そのまま床で寝ていたら電話がなりました。朝の6時前です。「なんだ朝早く」と電話に出ると、「佐喜浜（さきはま）（室戸方面の漁港）やがのお、ジンベエ、コマいの（小さいの）獲れたけん。とりにおいで」という内容でした。

青ざめて周りを見ると、関係者は全員床に転がって寝ています。とりあえず全員をたたき起こして、水産会社からトラックを借りて、作製途中のコンテナ（……というか長方形の箱ですね）を積んで、先頭車をつけて私を入れて4名で佐喜浜まで向かいました。土佐清水市から佐喜浜まで、車で5～6時間かかります。

佐喜浜に到着すると、本当にコンテナにジンベエザメが浸かっていました。初めて見る野生のジンベエザメ。感動というか何というか（デカい……）でしたが、全長3・3メートルと今にして思えば小型なのですが、それでもデカい。何とかコンテナに入れて、土佐清水市まで戻ります。土佐清水市に到着したころには、もう日付も変わる時間でした。

協力者の方々がイケスを湾内まで運んでくれていて、船のクレーンでジンベエザメを吊り上げてイケスへ入れるのですが、重さでクレーンがバキバキと音を立てだし、「こらいかん！　逃げぇー」という声とともに、クレーンは折れてそのままイケスへドボン。

もう夜中の12時を回っています。ジンベエザメの生死は翌日に確認となりました。もうヘトヘトで（飲まず食わずの二日酔いだったから）、とにかく、倒れて寝たいと思ったら、そのまま宴会が始まりました。「今から飲むの？」と聞きますと、「このめでたい時に飲まんと、いつ飲むんじゃ」と言われまして、「そうですねー」と答えつつ、内心では「毎日飲んでるやん」と泣きながら飲みました。

翌朝にイケスを恐る恐る見ると、ジンベエザメは泳いでいます。全員うれし泣きで大騒ぎになりました。が、数日で死亡しました。今でもうまく説明できないのです。本当に申し訳なく悔しく、絶望というか、あの気持ちはあの時特有のもので、今でもうまく説明できないのです。

解剖して今後に生かそうという話になりました。初めて見るジンベエの内臓。大きな魚なのに胃が小さいなという印象が残りました。この記憶が後にすごく役にたちました。

※戻りカツオ　9月ごろに南下し始めたカツオ。カツオの旬の一つ。

パワフルな五島列島の漁師たち

土佐清水市での魚類収集も軌道にのり始めたある日。五島基地が開設となりました。私が漁師さんたちと上手くコミュニケーションを取れて、一番円滑に魚の収集ができると思われたようで、五島基地に移ることになりました（酒飲みが役にたった出来事です）。他のスタッフはひき続き収集を行っており、後をお願いして土佐を離れました。

大阪で簡単な打ち合わせをして、長崎県は五島列島の福江島に渡り、玉之浦漁港に向かいました。福江空港からバスで1時間以上かかります。到着して基地となる宿に入り、身の周りの雑貨を購入……と思ったら、雑貨店が一軒だけ。真夏でしたが、販売されている週刊漫画雑誌は新年特大号でした。その他に散髪屋さん一軒、郵便局一軒、酒屋一軒、以上。ちなみに酒屋さんの看板には「男の晩飯・酒」とバーンと書かれており、すごく感動しました。

まあとにかくシンプルな漁村でした。で、やはり漁師さんとのコミュニケーションには酒です。「ここは長崎だ、九州だ、酒は焼酎だ！」という感じで、焼酎ばかり飲んでいました。ちなみに高知ではビールから日本酒が定番のパターンでした。

五島列島の漁師さんと飲む時は漁協の物置でした。時化の時は時化祭りと称して魚をガスバーナーで軽く炙っていただき、素晴らしく美味でした。よく家庭用の缶のガスボンベを使用して焦げ目をつける料理を拝見しますが、さすがは漁師さん、「それどこで販売しているの？」と思うくらいの大型ガスバーナー。ほとんど火炎放射器みたいなので一気に炙ります。「ヒャッハー！」とは言いませんが、そんな感じでした。

当時ブームになっていた「チューハイ」で飲むのですが、ウーロン茶1に対して焼酎9という割合で「これが身体によかったい。都会ではやりよ」とおっしゃって、スポーツドリンクのごとくガブガブ飲まれます。おお。ここでもか！　と、茫然としてお酒をすすっていました。場所がらクリスチャンの方が多く、クリスマスなどは教会へ連れていってもらいました。仏教徒ですが聖なる気持ちになるから不思議です。

さて、魚集めです。これは高知と同じで漁師さんと同じ船に乗らせていただきまして、漁の手伝いをします。その際に展示用の魚を分けていただき、イケスに入れます。漁協を通じての購入ですので、請求書が来ます。ここでは9割が地方名で、しかも漢字で記載されていました。解読が極めて困難でしたが、とても興味深く、実に勉強になりました。例えば、アカハタは地方名でアカジョと呼ばれ、請求書には「赤女」と記載されています。アオハタはアオナで「青女」でした。当て字なのか何かいわれがあるのか？　面白いです。カサゴは「アラカブ」でして、どうしてもわからないので「アラカブって何ですか？」と聞くと「カブったい！　カブ！　カブ！」という答えでした。

また、展示用のクエを購入しようと思い、養殖業の方が半分ペットとしてイケスで飼育されていた大きなクエを数匹ゆずっていただきました。ただ、年末だったので値段が……。魚は通常キロいくらで購入します。食用ですからね。そのクエは30キロありました。で、その時はキロ1万円が相場だったのです。鍋の季節だったということもあるのですが、九州で大相撲の冬場所が開かれている時期で、力士さんたちへの差し入れとかでいつもより値段が跳ね上がっていたのです。

ということで1匹30万円！　という高級な展示となりました。このクエはとても人慣れしており、普通は30センチくらいのサバなどを1匹そのまま餌として与えるのですが、他の養殖魚と同じ粒餌（金魚の餌みたいなものです）を食べていました。餌をあげようとすると大きな口を開けてじっと待っていて、粒餌がソフトボールくらい口の中にたまると、おもむろに口を閉じてゴクンと飲み込んで、静かに底に戻っていきます。それまで、クエのような大きな口の肉食魚が配合飼料に慣れるとは全く想像していませんでしたから、これはビックリしました。

五島の魚も素晴らしく美味でした。特にハガツオの刺身や、ハコフグを独特の調理方法で食す「味噌フグ」は、思わず姿勢を正して「うーむ」と唸りながら食べていました。世の中には酔いが一瞬で醒めてウットリするような美味な魚がいるのですよ。魚がよいから、塩で湯がくだけでも恐ろしいほどの美味さなのでした。漁協の方が料理上手でたまに振る舞っていただきましたが、毎回、「本当に美味くて塩だけで誰でも出来るたい」とおっしゃるので、塩の量を尋ねても「これくらいとよ」と指で塩をつかんでパラパラと投入されます。魚種と水量と塩の量の微妙な加減は、とても数値で出せるようなものではなく、盗みようのない世界でした。

味噌フグ。

海遊館初代ジンベエザメ「ハナコ」さん

そんなある日の夜。宿の女将さんから「電話ですよ」と呼ばれました。もう夜も11時くらいだったかと。当時は携帯電話などなく電話は宿にとなっていました。「こんな遅くになんだ」と電話に出ると、部長から「沖縄でジンベエザメが網に入った。明日沖縄へ行け」

という連絡でした。

早朝にこのことを漁協に話し、イケスの魚と若手スタッフをお願いしますと頭を下げまくって沖縄に向かいました。大阪を経由し、本社で打ち合わせをしたのですが、「ほぼ完成した大水槽を見て、魚で埋めるのを想像して焦ってから沖縄へ行け」と言われました。で、私も海遊館の大水槽を見て「これを魚で埋めるの⁉」となりました。デカい。巨大水槽の中は魚ゼロのままの水の塊でしたが、沈黙の巨人。それがかえって異常な迫力でした。「このままでいいんでないの？」とか思いながら沖縄へ向かいました。

先に渡っていたスタッフと落ち合い（初対面でした）、そのままジンベエザメがいる定置網まで向かいました。途中で道を間違えて米軍基地に入ろうとするから、「これ米軍基地じゃないかな？」「でも。ウエルカムと書いていますよ」「……あかん。引き返して」という感じでした。いかんよね。

漁師さんに挨拶をして網まで船で向かい、いざ海中へ……。

何もいないなあ……と、ふと後ろに気配があり振り向くと、ジンベエザメが間近まで迫ってきていました。デカい！（5メートルだったのでまだ小さいほうなのですが）本気でビビりました。別に人を襲うこともなく、普通に遊泳していたのですが、あたふたとなりました。「これ餌に慣らして大阪へ運ぶの⁉」やりがいというより途方にくれました。

沖縄海洋博記念水族館（今の沖縄美ら海水族館）の方々が全面協力してくださるということで、それから毎日、挨拶と報告、そして指導を仰ぐという日々でした。当時、ジンベエザメを沖縄で捕獲（というか定置網に入るのを待つ）するのは極秘プロジェクトで、ジンベエザメという名前は使用禁止。「ハナコ」と呼んでいました。

なので、毎日の大阪への報告ＦＡＸは「今日のハナコ」です。口頭で伝える場合も、携帯はないですから、公衆電話で「ハナコなんですけど、よく食べています」とか「今日もハナコはよい排便をしていました」とか連絡します。知らない方に聞かれたら、余計に怪しい感じだったはずです。

当時は宿舎が沖縄海洋博記念水族館の近くだったのですが、ジンベエザメが入った場所は伊計島（いけいじま）で、なかなか離れていました。高速で片道1時間以上という距離でした。プライベートビーチの沖だったので、ビーチは楽しそうなカップルばかりです。そこをオキアミ入りのバケツを持って、ウエットスーツ姿で疲れ切った様子の私たちが、普段はバナナボートを牽引している船でイケスまで向かうのです。

さて、餌です。とにかく食べてくれないと話になりません。オキアミをグチャグチャと掻き混ぜ潰して香りをキツくします。それを持って海中に入り、まきながら反応を見ます。翌日に反応がありました。まず、逃げない⇩嫌ではない。もしくは無気力。さてどちらだ？

肌ツヤは？　遊泳速度は？　呼吸は？　などを見極めつつ、少しずつ餌をまきます。すると数センチですが口を開閉しだしました。「む。反応してる。嫌がってはいないなあ」と思って3日目、急に大きな口でガバーッと吸いこんで食べ始めました。

「おお！」となり「たくさん食べてね」となりますが、高知県でジンベエザメの胃袋を見ていたので「少な目少な目」と自分に言い聞かせていました。そのうちにボートをイケスに着けただけで水面まで上がってきてくれ

餌の時に寄ってきたハナコ（ジンベエザメ）。

るようになりました。エンジン音を覚えてくれました。賢いなあー。餌のバケツを持ってイケスに入ると、口をパクパクさせて寄ってきてくれます。そしてイケスの中央でバケツから餌を与えます。

その時、ジンベエザメは立ち泳ぎをして1カ所に留まって摂餌（餌を食べること）していました。噂では聞いていましたが、キチンと確認できました。

ここまでなるとすごく慣れてくれて、餌が終わっても寄ってきて胸元でじっとしてくれます。頭をなでさせてくれます。背ビレにつかまっても嫌がらず、悠々と泳いでいました。本当に、かわいくてかわいくて、たまりませんでした。

この生活がずーっと続けばいいのに、と勝手なことも考えたりしました。そんなある日、イケスに異変が起こりました。少し海流が悪くなり、網が沈んだという連絡がありました。「もしかしたらジンベエザメはイケスの外に出ていったかも」というので真っ青になってイケスに向かいます。ボートで近づくと、ジンベエザメはすぐにいつもどおり上がってきてくれました。「よかったあ‼　居てくれた‼」他のボートには近寄ってこないけど、私たちが使用しているボートが行くと、上がってきてくれるのです。音で判別しているのでしょうね。すごいなあ……。

そのころ、大阪では連日のように新聞等で海遊館が批判されていました。「主なき大水槽」「世界最大の名が泣く」といった記事です。開業1カ月前なのに、まだジンベエザメがいないではないか、という話なのです。輸送に必要な準備が整ってくると、大阪の様々な関係者から「輸送するが大丈夫だろうな、ハナコは？」と、毎日、悲痛な問い合わせがありました。現場の私たちは沖縄の銘酒・泡盛をすすりながら「ばっちりです」と答えていましたが、「これ輸送前に事故があればクビだなあ」と内心は泣きそうになっていました。

そして、輸送準備も整い、餌もよく食べ体調問題なしと判断されたジンベエザメは、大阪へ輸送となりました。1カ月ほどの畜養期間でしたが、数年にも思える時間でした。

大阪へは、イケスから海上輸送用の水船（沖縄海洋博記念水族館さん所有）へ移送し、近くの石油コンビナートまで曳航した後、トレーラーの上にある大型魚輸送コンテナ（のとじま水族館さん所有）へ移して、フェリーにて神戸青木港まで向かいます。そこからさらに陸路で海遊館まで、という、まるまる2日間かかる輸送でした。随行車両が3～4台の一大輸送作戦となりました。

実はこの数年前に「米軍の戦車を運ぶヘリコプターならあっという間じゃないのかな？」と思って米軍基地に行ったら門前払いされました。そらそうだ。余談でした。

余談ついでにジンベエザメは沖縄では「ミズサバー」と呼ばれています。「水っぽい」魚なんだそうです。エイは全て「カマンター」。最初はマンタ（オニイトマキエイ）がそんなに獲れるのかと驚愕しましたが、違いました。ジンベエザメ以外の魚も集めてまして、魚の地方名の勉強になりました。例えば沖縄で「ウエノメカタハジャー」という魚がいます。これは和名で「モンガラカワハギ」なのですが、覚えるのが大変でした。

さて、ジンベエザメに話を戻します。ジンベエザメは24時間泳いでいます。寝ている間もです。尾ビレを左右に振って泳いでいますよね。この尾ビレの動きを長時間止めるとどうなるか？　恐らく血液の循環が悪くなり、人間が長時間正座したように痺れて広いところへ放してもうまく遊泳できず、最悪は死亡するのでは？　となりました。なので、私たちはジンベエザメと同じコンテナに入り、輸送の間ずーっと尾ビレを人力で左右に振り続けました。マッサージというか？　なんというか？　これは思っている以上にキツい作業なんです。その間、適時に呼吸数を測定します。設備班はろ過槽の管理と、水質や水温や溶存酸素などの計測をします。

ろ過装置は「牛乳を入れると透明の水になって出てくる」というすごい器材でした。ただ、すごすぎて「あっ」という間にろ過したもので詰まるので、実際には使用せずに、船の消火ポンプで汲み上げた海水をかけ流し続けていました。

さて、ようやく海遊館に到着して、ジンベエザメを水槽に放すことができました。最初は少しヨロヨロとしていましたが（輸送に2日もかかったのだから、そらそうだわ）、数時間後には元気よく遊泳してくれました。輸送の第一段階は成功です。あとは餌を食べてくれるのを願うばかり。これが平成2年7月11日、海遊館開業の9日前のことでした。

実は沖縄を出る時に台風が迫っていて、あと2日輸送が遅かったら、台風でイケスは破壊されていました。もう何もかもギリギリでした。

フラフラで大阪に戻った私は、「イグアナとワニとアナコンダが搬入されているから、下村そっちも頼むわ。お前さん、爬虫類好きだろ？」と当時の飼育展示部長から言われて、ヨロヨロと対応に向かいました。いや爬虫類好きですけど。なんで今日なん⁇　と思いながら搬入作業をしました。

そして翌日、いつもどおりバケツに餌を入れてジンベエザメの水槽に入ります。来てくれるかな？　怒ってないかな？　覚えていてくれてるかな？　と、ドキドキしながら水槽中央でプカプカ浮いて待っていると……なんと、すぐに寄ってきてくれました。お腹が空いていたのだと思います。輸送中に排便することで水が汚れて体調に悪影響が出ることを恐れて、数日間、餌を止めていたのです。輸送のために必要な処置でしたが、様子を見に行くと寄ってくるジンベエザメに餌をあげられないのは、精神的にかなりキツかったです。

水槽内でも餌をよく食べてくれて、排便も問題なし。元気に遊泳しています。肌ツヤもよい。ああ、よかった。やっと輸送に成功したと安堵しました。それが、7月15日くらいのことです。そして7月20日、開業の日を迎えました。今でこそ「ジンベエザメ」ってこんなサメと認識されていますが、当時は大阪の方々には全く未知との遭遇でした。

はたしてどんな反応なのか？　館内を覗くと、ジンベエザメが水槽の前に来るたびに満員のお客様から拍手と歓声があがっています。手を合わせて拝んでいるおばあちゃんもいました。それを見た瞬間、涙が溢れて膝から崩れました。生まれて初めて「足が棒になる」感覚を味わい、そういえば数年全く休んでないぞ、と気がつきました。

盆もクリスマスも正月も魚たちには関係ないので、ひたすら、採集・給餌やら魚の世話をしていました。今ではダメな働き方なのですが、当時はそんな感じでした。ジンベエザメの輸送も、あれから海遊館スタッフによって改良工夫されて、人も魚も無理せずに輸送できるようになったそうです。素晴らしいと思います。

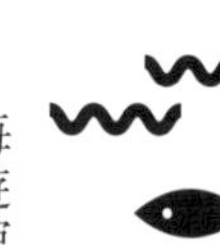

「日本語と英語を交ぜるのはあきまへんで」

海遊館はジンベエザメだけではなく、様々な環太平洋の自然を紹介する施設です。開業前は「大阪アクアリウム」「マリンワールド」とかの仮称で、準備が進められていました。名称を一般募集して「海遊館」に決まりました。名称決定会議に、私はパネル持ち係で出ていました。実は、一時は「大阪アクアリウム」で決まりそうになっていました。社内では「アクア」という響きがとても気に入られており、何とか「大阪アクアリウム」にしたいという流れでした。

会議も終盤になり「では大阪アクアリウムということで」となった時、委員の一人である小松左京先生が「遅れてすまんすまん」と登場され、「大阪アクアリウム」という名称をチラリと横目で見るや否や「あー日本語と英語を交ぜるのはあきまへんで」とおっしゃり、バラバラと候補名を見て「あーこれやで！　これこれ！」と言ってあげたのが「海遊館」でした。臨席されていた著名な先生方が「??」「!!」となっていますと「この遊、という漢字がよろしいがな。これは西遊記の遊と同じで冒険するという意味でっせ。海を冒険する館で海遊館」と。反対しようがない完璧な答えでした。

しばらくなじむまでは中華料理店の屋号みたいだなあと思っていましたが、作家さんの博識には本当に頭の下がる思いです。この命名に関しては都市伝説めいた話もあるようですが、これが真実です。

そして1990年に飼育展示部員の募集と入社となりました。やっと飼育仲間が来てくれると本当にうれしかったですね。ここからネクタイを外して1年中長靴となりました。今まではデスクワークでしたがそれは終了となりました。

大型肉食魚は小さな魚を食べないの？

私は飼育係で様々な生物に接してきました。しばらく海遊館で接した生きものたちのお話をさせていただきます。

海遊館の大水槽「太平洋」。まず、海水は満水にするのに1週間くらいかかったと記憶しています。途中で「無理ちゃうか」とか心配していました、それくらいデカいのです。

そして満水になった後、ろ過装置を起動させてしばらくして、やっと魚たちの導入となりました。

よく「サメとかと同じ水槽に入れて小さい魚たちは食べられないの？」という質問を受けます。海遊館の例ですが、まずはマアジを多数入れました。そのマアジが水槽に馴染んできたら、土佐清水、五島の各基地から活魚車や活魚船で輸送してきた他の魚を入れました。まずは小型で群れを作る種類から導入し、最後にサメなどの大型肉食魚を搬入するのです。小型の種類に優先権を与えると、意外とうまく同居してくれます。これが逆だと、入れるはしから全て捕食されてしまいます。この方法は私がこの後勤めた京都水族館でも四国水族館でも流用して、全てうまく機能してくれました。

あと、何でも入れたらよいというわけではなく、上層〜中層〜下層と「どんな魚が」「どれくらい」「どうやって泳ぐ」というのを考えて収集します。または「群れ」か「単独」か、群れでも「遊泳型」か「1カ所で留まる」のか？　などを実は計算しています。よって与える餌も「上からまく」、バケツに入れて「中層でまく」、「下層でばらまく」と各層の魚の種類と量で変化させています。

大変そうですが、これを考えている時が実に楽しいのです。まっさらなキャンバスに自由に絵を描いてごらん、というお題を与えられた子どものような気分になります。そんな経験ないですが、たぶんそうです。

貴重なウグイでカワウソがリアル獺祭を開催

コツメカワウソの飼育にも関わりました。今でこそ人気で、多数の動物園や水族館が飼育展示していますが、当時はほとんど飼育例がない生物でした。なにしろマーキングで刺激のある臭いをあちこちにすりつけてくれます。

寝床もそうなんで毎日洗濯です。毎日洗濯しても大丈夫な耐久性があり、彼らが気に入り、しかも噛んでもそんなに噛み切れない素材が必要。となりまして、見つかったのが麻袋でした。いわゆるドンゴロス。コーヒー豆の輸入に使っているものをもらってきて使用しました。

そこまではよかったのですが、コツメカワウソはわりと昼間に寝ています。広い水中に何もいなくて、やや寂しい感じになっていました。そこで何か魚を入れて水中もにぎやかにしよう、となりまして、オープン前日に「魚獲ってこい」と指示されました。オープン前日ですよ。ジンベエザメに餌をあげてから、自家用車を走らせ、大阪は我がホームタウン芥川で採捕許可を得て、投網にてオイカワを採集してきて何とかしました。が、「もっと大きなの」と指示されて、滋賀県立琵琶湖博物館の方に相談したら、「ウグイをわけてあげましょう」というありがたいお言葉をいただきました。

ここで余談ですが、「サイズはいかほどですか？」とお尋ねしたら、「オス？　メス？　何歳？　それで変わるから」というプロのお答えがあり、「おお、かっこいいなあ」と感動しましたね。翌日に全長20センチくらいの立派なウグイを大量に譲渡していただきまして、感謝しつつ水槽に放したところ、カワウソの動きが変わりました。オイカワの時は追いかけるだけでしたが、大きいウグイになる

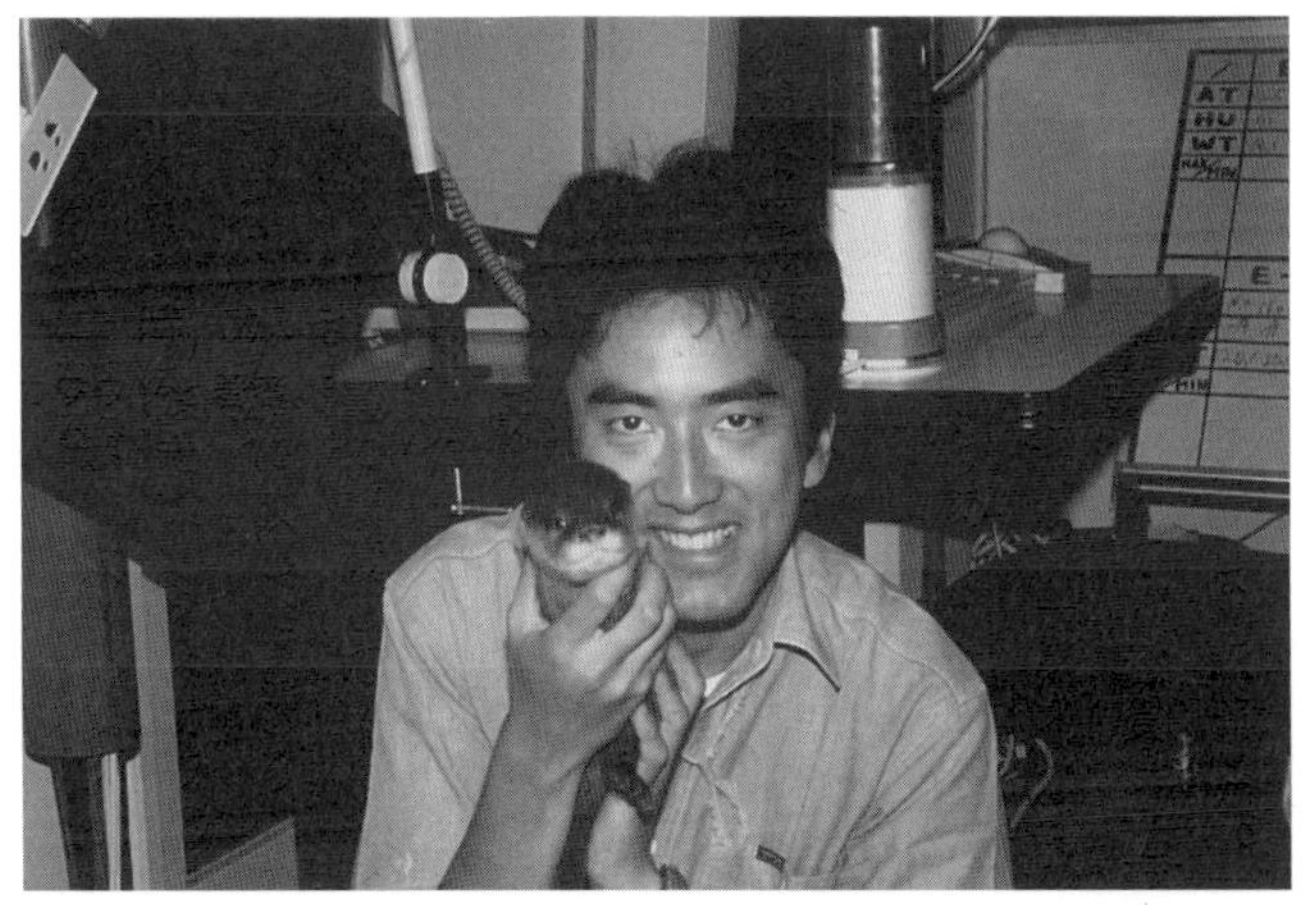

カワウソと著者。

と捕まえだしたのです。で、そのまま食べてくれるならいいのですが、頭をかじって動かなくなるとそのままそっと陸上に置いて、また捕獲して頭をかじって陸に並べてというのを繰り返しだしたのです。そうです、世にいう獺祭(だっさい)です。

今ではあの美味な日本酒で有名になりましたが、語源はこのカワウソの習性? からなのだそうです。私は「やめてー!」と絶叫して水中に飛び込みました。その瞬間は止めてくれますが、私がその場を離れるとまた始まります。カワウソだけにイタチごっこだわ、という洒落も笑えない状況でした。今でもコツメカワウソを見ると思い出して複雑な気持ちになります。

分厚い毛皮の防御力よ……ラッコ、私は負けました

みんな大好きかわいいラッコちゃん。今では国内の水族館での飼育数が本当に減少してしまい、非常に残念で辛いことです。海遊館の開業当時は、Mさんという女性がラッコの専門家として飼育にあたってくれました。彼女はラッコが好きすぎてアメリカのモントレーベイ水族館まで働きに行っていたという猛者です。

当然、英語も堪能でした。なのでラッコに餌を与えている時も英語で語りかけます。「OK。キャモーン」「Oh、グッドボーイ」等々、相棒のD君はベタベタの日本人ですから「みんなあーおいでえー」「イカも食べなあかんよおー」とベタベタの日本語です。それを横で聞いていた私は、「ラッコも英語と日本語の両方をリスニングできるんだ」と感動したものです。

そのラッコの展示槽ですが、毎日、オープン前に水面と水面より上のアクリルガラスをきれいにするために、ドライスーツという服の上から着られる防水性のあるダイビング用スーツを着て、水槽の中に入って掃除をします。その日、私はいつもどおり水槽に入って掃除をしていました。すると何か気に障ったのか、ラッコが私の足をつかんで水中に引きずり込み始めたのです。

しかも噛みついてきました。痛いです。「コラ！」と引き離してもかかってきます。さすがにこれはいかんと思って抵抗しても、彼らには全く効きません。寒さに耐える毛皮と皮膚は、私ごときの力ではどうにもならないのです。薄ら笑いを浮かべて（そう見えた）かかってきます。

何秒か何分か戦っていると、すでにオープンの時間を過ぎており、目の前には幼稚園の団体さんが……。「お兄さんがラッコをイジメている！」となってしまうので、笑顔で戦いながら逃げました。足は血だらけで高価なドライスーツはボロボロです。一方のラッコには影響は見られず、その日も普通に食欲旺盛でした。

何が嫌だったのか、いまだにわからない。とにかく、ラッコとケンカして負けた、という事実だけが残りました。野生生物には、人間なんか歯がたちません。

ゴマフアザラシ、おっとり見えても母は強い

みんな大好きゴマフアザラシちゃん。通称ゴマちゃん。ある日の展示槽に出産が近いアザラシがいました。その日、私は宿直で、朝の見回り時の6時くらいに、ゴマフアザラシとカリフォルニアアシカの飼育コーナーを見回っていました。すると、アザラシが無事出産しています。かわいい赤ちゃんアザラシが、コロコロと動いていました。

予定より早かったのですが、母子ともに無事で「おおお！」と感動して見ていると、赤ちゃんアザラシがヨチヨチと水辺に近寄っています。いかん。まだ泳げないから溺れたら大変だと思っていると、コロリと水中へ落ちました。大変だ！　と、私はすぐに展示コーナーへ入り、服のまま水中に飛び込みました。赤ちゃんはプカプカと浮いています。泳げなくても浮くので溺れることはないのですが、とはいえ、まだ泳げないのは事実です。

つぶらな瞳が実にかわいい、とか思っているうちに赤ちゃんアザラシはスキマー（ろ過槽へ水を流し込む場所）へドンドン流されていきます。危機一髪で赤ちゃんアザラシを捕まえて、「もう大丈夫だよ」とか言っていたかな？　その時です。お母さんアザラシが「私の赤ちゃんを放せ!!」と言わんばかりに「ガオオオ!!」とすごい勢いで飛びかかってきました。「いやいや助けているのですけど!!」と私も絶叫しながら赤ちゃんを投げるように置いて逃げました。

お母さんアザラシは、赤ちゃんを大事そうに鼻でツンツンして、無事を確認していました。なんとなくコミカルな感じがするアザラシですが、本気で怒ったアザラシさんはすごい殺気でした。そんなに怒るなら水に落ちないように見ときなさいよ、お母さん。

甘やかしすぎるから怠けるのよ、ナマケモノ

海遊館では水辺環境の再現ということで、魚だけでなく、その周りの陸上部の再現も行

っていました。いわゆる「アクアテラリウム」です。今では各地で見られるのですが当時は珍しい手法でした。その一環で育てていたのがナマケモノです。名前は有名ですね。木にぶら下がっているというのが皆さんのイメージだと思います。当時は、飼育スタッフがナマケモノを「木から離し」、「買いものカゴに入れ」、「一口サイズにした野菜や果物を口元に差し出す」という方法で餌を与えていました。そりゃー甘えるし怠けますわ。

というのは半分冗談ですが、ナマケモノは周りに気を使って生きています。なかなか頭がよくて「あーここは安全だわ」とすぐに認識してくれました。すると、怠けるというか適応するというか、木に登るのをやめて床に降りてきました。そして最終的には床で寝るようになったのです。樹上生活者のはずなのに24時間床で暮らしているのです。

好き嫌いも出てきました。当時のメニューは、チンゲンサイ、湯がいたカボチャにサツマイモ、リンゴ、トマト、高級ドッグフード、バナナと季節のフルーツをスライサーで薄く一口大に切ったものです。買い物カゴの中でふんぞりかえってじっとしていたら口に次々と御馳走がやってくるのです。そら、わがままになります。たまに「チンゲンサイは芯のところはいらなあい」とかおっしゃるのです。

これは自然の再現にはならないなあ……と思っていた時、ＶＩＰの来館がありました。

このＶＩＰがナマケモノのゾーンにいらっしゃる直前に、ナマケモノを持ち上げて木にぶら下げる作戦があったのですが見事に失敗。「飼育係が木にナマケモノをぶら下げている風景」を冷ややかな目で見るＶＩＰと、案内していた社長が顔色を変えて怒るという図が完成しました。

余談ですが野生だなと思ったのは、野菜や果物だけを与えていたところ、壁のモルタルを破壊して食べだしたのです。もしや？　と思って塩土を与えると、すごい勢いで食べ始めました。どうも塩分とか微小なミネラル分が不足していたようなんです。餌はきれいすぎてもいけないのだということを痛感した出来事でした。

フリッパーパンチは破壊力抜群、ペンギンたち

ペンギンといえば「ペンギンパレード」が有名ですね。冬季に運動不足にならないように、野外を歩いてもらおうという企画です。ついでにお客様も喜ぶし。これが行われるのは、多くはオウサマペンギンです。サイズが大きくて目立ちますし、先頭が歩くと、ほかのペンギンもついていくという習性を生かしたよいアイデアなのです。ペンギンたちの刺

激にもなりますしね。ただ最近だと、鳥インフルエンザの影響で冬季に飼育エリア外に出すのが困難な状況になっていて、この楽しい企画も毎年恒例とは言いにくい状況です。

それはともかく、私もこのパレードを担当していた時期がありました。ペンギンの中にはあまり慣れていない個体も数羽交じっていたのですが、まあ、大丈夫だろうとなんとなく油断していました。練習では問題なかったですし。

で、本番です。通路に並んだ多数のお客様で、自然にゆるりとした壁というか道を作っていただき、そこをペンギンたちがペタペタ歩いて行進……なんですが、慣れていない数羽が、急にお客様の壁を突破して四方八方に走りだしたのです。何が嫌だったの？　練習では何もなかったのに。

このままでは大変だと、飼育スタッフ全員で必死に抱きかかえて確保したのですが、あのパタパタしたかわいい羽（フリッパーといいます）、叩かれるとかなり痛いのです。太ももとかをバチバチ叩かれたら青あざになります。まあ、そんなことも言っていられないのですが……。ペンギンたちはかわいいですが、フリッパーはものすごい破壊力ですので、皆さんお気をつけくださいませ。

ペンギンといえば、開業当時に海外からオウサマペンギンの繁殖個体として、ヒナを数羽輸入しました。大きな木箱に入っています。すぐに蓋を開けると、箱一杯にこげ茶色の羽毛が入っています。一瞬何が何だかわからなく「これはなんだろう??」と思っていたら、クルッとヒナが振り向きました。そこで目が合って「ああこれはペンギンのヒナなんだ。みっちり箱一杯に詰まっているんだ」と理解できました。

もう一つペンギンの思い出があって、開業前に土佐清水市で魚集めをしていた時、リュックサックを背負ったペンギンが、道路を歩いているのに遭遇しました。種類はイワトビペンギンです。「なんだ?」と思っていると、そのペンギンさんはショッピングモールに入り、鮮魚店へ向かいます。鮮魚店の前に着くと店の方がリュックからお金を取っていました。そして「ほれほれ」とアジやイワシなど新鮮な魚をお腹一杯もらって、またペタペタと歩いていきます。数分歩いた場所にペンギンさんのお家がありました。おばあさんと二人暮らしで、名前を「ロッキー」というのだそうです。

当時は遠洋マグロ漁に出た方々が、たまに釣れる（釣れるのかよ！）ペンギンを土産に持って帰ってきていたのです。今ではダメですが、当時は違法ではありません。おばあちゃんに聞くと「ロッキーはね、寒くなると家で私とコタツに入って一緒にテレビ見るのが大好きでね」と言います。なんとロッキーちゃんはおばあさんの膝の上でじっとしているのです。これはすごいことです。夏は玄関先のビニールプールで泳いでいます。「蚊が多いからねえ」と蚊取り線香もちゃんと設置されていました。

このロッキーちゃんほど、人に慣れているというか、信頼関係を持ったペンギンを私は見たことがないです。開業前だったので、ゆずってくれないかなあと最初は思ったのですが、途中でそんな考えをした自分を恥じてロッキーちゃんの家を後にしました。あの子はあのまま、おばあさんと暮らすのがよいと思いました。

ロッキーと著者。

イルカたちは人を見ている

海遊館では開業当初、イロワケイルカを2頭展示していました。名前は「茶々」と「黒」

です。イルカには全く縁がなかったので、いきなり担当にされて正直かなり戸惑いました。

彼らが何を言っているのか私にはわからないのですが、彼らには私たちが何を考えているのかバレているのです。健康診断の一環として定期的に採血を行うのですが、いつもと同じように餌バケツを持っていきます。餌を食べに来たところを保定して採血です……が、絶対に寄ってきません。ギリギリ手が届かないところで顔を出して、じーっとこちらを見つめているのです。しばらくして「もう今日は中止だわ」と仕切り直して展示槽に入ります。すると何事もなかったように寄ってきて、餌の魚をパクパクと食べてくれます。

イルカの担当を短期間でも経験したことで、「基本的に冷静に」という、全ての生物の飼育に共通する大事なことを少しだけ教わりました。

カマイルカも担当させてもらいましたが、彼らも「人を見る」生物で「見分けて」いました。ある女子社員はカマイルカたちの人気者で、彼女が来ると全頭が集まり甘えていました。こちらには来ません。なんだろこれ？　これは勝てない、という経験でした。

カマイルカといえば、兵庫県の日和山遊園さん（現在の城崎マリンワールド）にカマイルカの研修で数週間お世話になりました。ここの飼育員さんは昼間にはイルカショー等をこなしながら、夜間は隣接する旅館で舞踊の舞台をもこなすという超人みたいな方々でした。なかでも飼育長さんは、昼間はベテランのイルカ飼育員で、夜は法被姿も勇ましく舞台で太鼓を連打するという離れ業をやってのけておられました。

そこのイルカですごいなあと思ったことがあります。ある日、イルカが半野外のイルカプールから硬貨を拾って咥えてきて、「これこれ」と陸上の飼育スタッフさんに渡してくれたんだそうです。スタッフさんは「ありがとう」と言いつつ、何気なく餌用の魚を与えたそうです。すると、次の日からそのイルカは次々と硬貨を拾ってくるようになったのです。たまに飲料の蓋もあるのですが、1回で覚えるものなのですねえ。

すごいぞ！　世界最大の淡水魚ピラルク

アマゾン川の帝王とも呼ばれる世界最大の淡水魚、それがピラルクです。全長2～3メートルに成長する古代魚で、昔は5メートルのものもいたとか。全身を鱗で覆われていて、その鱗は硬く大きいため、靴ベラにも利用されるそうです。ピラルクはエラだけでなく、直接空気も吸う魚でして、全く空気が吸えないようにすると「溺死」するのです。

ある時、そのうちの1匹を水から上げることになりました。たしかケガをしたから治療しよう、ということだったと記憶しています。その時の全長は150センチくらいでした。なんせパワフルな魚ですので、そーっとビニールで囲って、水に麻酔を溶かしてエラで吸収してもらい、大人しくなったところで移動させようとしました。甘かったです。異変を感じたピラルクは、エラを閉じて空気呼吸だけに切り替えていました。私たちはそれに気がつかず、「そろそろ麻酔が効いている時間だよなあ」と、ゆっくりビニールを閉じようとしたら、全く効いていないピラルク様は、全身これ筋肉で、ドン！　とジャンプしました。そして、その硬い頭で私の顎に一撃。見事なアッパーカットです。私はあっさりKOされました。すごい切れ味と重さでした。かくも人間とは無力なり。

という話を他の園館の方々と話していますとですね、関係者で同じような体験をされているという方々がやたら多いのです。単に「跳ねる」だけでなく「顔面に命中した」「顎にくらった」という声なのです。ということはピラルク様、めったやたらに暴れて跳んでいるのでなく狙っているのでは？　顔面とか顎とか、ある種の急所を狙って「相手を倒す。あの場所に自分の一番硬い場所をぶつけると勝てる」と思っているのではないでしょうか？そんな気がしているのです。

……もしかして、ものすごく闘争心のある魚なのかもしれないと思っています。逃げるなら人と人の間を跳べばいいのに。隙をついて逃げる、ではなく、相手を倒す、という選択肢を選ぶ魚ってあんまり記憶にないです。すごいなあピラルク様。あくまで推測で仮説ですが、どなたか検証してください。

子どもは樹上生活、オオアナコンダ

オオアナコンダは全長10メートル近くに成長する大蛇です。これがですね、前述していますがジンベエザメの搬入と同時にやってきたのです。デカいと怖いなあ。でもジンベエザメに比べたら、まあなんとでもなるかと変な自信がついていました。

受け取りに行くと約45センチ四方の木箱があります。ミカン箱より小さい。「む。小さいな」と思いつつ開けたら、アナコンダの子どもは本当に小さいです。全長で90センチくらい？　というと大きく思えますが、太さが魚肉ソーセージくらい。野山で見かけるアオダイショウみたいなイメージです。

まあかわいい。いや、展示できないやん、これ。で、今でこそ様々な情報がありまして常識になっていますが、子どものアナコンダは基本的に樹上性なのです。成長して初めて水中生活者になり、皆さんよくご存じの姿になります。最初はバックヤードで飼育開始となりましたが、樹上性の時期なので餌のマウスや生きた魚に一切反応しません。そりゃそうです。樹上生活者ですから鳥を常食にしている時期なのです。マウスなんてとてもとても、ましてや魚なんぞ絶対に食べません。その情報がなかったので、定期的に強制給餌でマウスを与えていました。これは解凍したマウスを生卵でヌルヌルにして口内に入れます。そして食道まで落としてあげるとそのまま飲み込んでくれるのです。

ある日「とりあえず展示に出せ」という指示があり「絶対見えませんよ」と言っても「いいから出せ」となりまして。では、と展示に出しましたが、その瞬間に見えなくなりました。数日は場所を確認していましたが、ある日、完全に姿を消します。

みんな総出で捜しましたが見つからず、諦めて数カ月。隣の槽のリスザルが大騒ぎしています。なんとオオアナコンダがリスザルに囲まれていて、大きな口を開けてケンカしていたのです。慌てて飛びついてオオアナコンダを捕獲しました。一体、どうやって隣に行ったの？　しかも、痩せてはいなくて、やたら元気なのです。何を食べていたのだろう？

あれ以来、ヘビの飼育時は脱走には本当に気をつけています。ちなみに無毒とされますが、噛まれたスタッフの指がものすごく腫れたので、なんらかのアレルギー源はもっていると思います。

オシャレだからとなめたらアカン、グリーンイグアナ

今から30年ほど前に爬虫類のブームがありました。「犬みたいに散歩は不要」「鳥や猫みたいに鳴き声はない」「抜け毛もない」「毎日の餌も不要」「狭い場所でもコンパクトに飼える」「エキゾチックで他人が持っていない」そして「餌がフルーツや野菜でオシャレ」だからだそうです。

それで、なぜかグリーンイグアナが注目されました。いや普通に全長1メートル超えるし。草食性でエキゾチックなのでしょうけど、子どものころは昆虫大好きです。小さい時は確かに全身グリーンですけど、成長するとグレーです。

で、オスが発情すると本当に怖いくらいに狂暴になります。何回か襲われましたけど、なかなかの強敵でした。とある動物園では、女性スタッフが噛まれて、手の指が切断寸前までいった事故もありました。強く長い尾の一撃は、ズボンの上からでもアザになるくらいの極めて強い攻撃です。そして爪です。樹上生活者なので身体を支えるべく鋭い爪を持っていますす。怒ってなくても、鋭い爪は簡単に人間の皮膚なんぞ引き裂いてくれます。すごく強い生物なのです。

ちなみに、オスは首を大きく上下に振る行動をとります。これは縄張りをアピールしつつの挨拶なので、ケージに入る時に相手が頭を振っていたら私も頭を振ってから入るようにしました。それでなんとなく心が通じた気がします。彼が首振りを止めない限り、それ以上入りません。相手を尊重しているつもりなのです。止めたらゆっくり入って餌を置きます。そうしたら「まあ許したろ」てな顔をして、餌を食べてくれます。

さらに余談ですが、草食性の爬虫類は、カルシウムとかを与えるのに苦労しますので、決して飼育しやすい生物ではないのです。「都会的（もうこれがわからないのですが）でコンパクト、場所をとらない、鳴かない、エキゾチックな爬虫類」は、あえていうならヘビです。それも一部の種類だけです。

グリーンイグアナは素晴らしいトカゲです。かっこいいです。ほれぼれします。ですが、ブームで飼育する生物ではないです。多くの爬虫類はあまりペットには向いていないと思います。一部のヘビやヤモリは、かなり家畜化が進んできました。これらは家庭でよいペットになります。私も飼育しています。でもグリーンイグアナは一般家庭向きとはいえないのです。

これからも、時期になると小さくてきれいなグリーンイグアナの幼体が安価で販売されるでしょうし、よく売れるのだろうと思います。何匹が大きくなって約10年の寿命を全うするのでしょうか？　どうか安易に飼育されていないことを祈ります。

同じように注目された爬虫類に、インドホシガメがいます。大人しくて甲羅の模様が美しく、草食性なので、すごい人気種でした。ですが、うまく成長させるのは困難な種です。野菜だけではミネラル分が不足してしまうのです。野生のホシガメたちが食べる草などには、雨で跳ね上がった土などがついています。きれいに洗われた野菜なんぞではありません。虫もついていたでしょう。死んだ他の生物の骨もよいカルシウム補給になっていたでしょう。そんな野生生物を、オシャレ感覚で飼育できるわけがないのです。

凶悪な人食い魚？　風評被害が酷いピラニア

ピラニアは、「凶悪な人食い魚」としてあまりにも有名です。実際に、すごい切れ味のギザギザの歯がずらりと並んでおり、書物によっては「釣り上げたピラニアが船上のナイフを噛んだら、ピラニアの歯がポップコーンみたいにはじけ飛んだ」とか、「牛や人間など数分で骨だけにする」とか、ある著名な釣り紀行では『死は我が職業』という物騒な映画の題名をそのまま掲げて、ピラニアを紹介しています。

まあ確かに肉食ですし、歯もすごいのですが、ビックリするくらいに臆病です。それに、ピラニアといっても数十種類います。なかでも有名なのが「ナッテリー」です。国内の水族館や観賞魚として販売されているのも、ほとんどがこの種類です。

また、ピラニアにも様々な食性が知られており、「他の魚の鱗が好物」とか、近い仲間ですが「植物が好き」とかいう種類もいます。まあ、基本的に肉食なのですが、孤独を愛する単独生活者から、集団でないとダメなナッテリーとか様々でして、色も赤や白に黄色と様々です。

真っ黒な種類もいます。ブラックピラニアというまんまの名前です。これは大きいし怖いです。このピラニアを飼育している時に、水槽に潜ってよく掃除をしていました。多くのお客様に「あの凶悪なピラニアと一緒に泳ぐとは」と、ある意味注目を浴びていました。いや、全然平気なんです。ただし、歯がすごく鋭いので、触れるだけでかなり深く切れます。耳とかはフードを被り防御します。そこはキチンとしないと大ケガするのは確かなのです。でも、一般的に知られるような攻撃的な魚ではないので、どうか皆さん優しい目で見てください。よく見ると、金銀のギラギラした鱗を持っていて腹側が目の覚めるような赤という、とても美しい魚です。

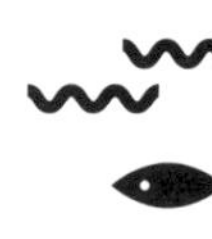

クロマグロを一刀両断、ノコギリエイ

ノコギリエイは、「エイ」と名前がついていますが体形はサメみたいで少し平べったく頭にその名の通り長く立派な「ノコギリ」状の突起がついています。どうすればそんな進化をするのかな？　という姿です。

今では保護されていて入手困難になりましたが、当時は東南アジアから輸入していました。まだ関西国際空港がなくて、名古屋空港まで何回もトレーラーで迎えに行っていました。しかも、一般的に魚を輸送する際に使うようなビニール袋では、ノコギリ状の突起で確実に破かれますので、大きな円形の容器が必要です。途中のドライブインに、トラックで交換用の水も用意して万全な体制でした。

通常は海に住んでいますが、小さい時に（といっても1メートル以上です）河川を遡上してくることがあり、その際に捕獲されます。ですので、最初は淡水での飼育で、少しずつ海水を混ぜて慣らしていき、最終的に完全海水にします。焦るとすぐに調子を崩してしまうので注意が必要です。餌は生きた小さめのアメリカザリガニを好んで食していました。あのノコギリでザリガニを一撃で倒して食します。すごい魚もいるもんだと感動しました。

そして、完全海水になったころ、ようやく展示デビューです。最初は他の魚たちと仲良く、与えられた餌を食べていたのですが、成長に従い本性が出たというか、餌が足らないのか、生きたアジなどの群れにそーっと近づいてノコギリを左右にぶん回すようになりました。一瞬で数匹のアジが真っ二つになり、それを食べています。

これではいかんということになり、毎日、夜間にノコギリエイ用にイカを丸のまま棒に付けて与えていました。ノコギリエイ様はその棒をノコギリで叩きます。そして棒から離れたイカを食べるのですが、成人男性が両手でしっかり握っていても跳ね飛ばされるくらいの力でした。本当に脅威を感じた魚の一つです。

ところで、活魚車で大きなクロマグロを輸送したことがあります。計算してみたら、数匹の輸送でものすごい価格になるクロマグロ様でした。クロマグロは普通、全長30センチ前後で輸送していますが、今回は60センチ近い大きな個体です。

さあ輸送は成功だ。あとはゆっくりと焦らず大水槽へ放します。やった成功だ！……と、そこへチェンソーマンもといノコギリエイがゆらりとやってきて、ノコギリ一閃。60センチのクロマグロが真っ二つです。で、食べてくれたらまだよいのですが（よくはないですが）、そのままどっかに行ってしまいました。人間が包丁を使っても、全長60センチのクロマグロを支えなしで切断するのは困難だと思います。ノコギリの鋭さ、一撃の力強さ……何もかもが規格外の魚です。

ノコギリエイの一種であるラージトゥースソーフィッシュ。

飼育係さんのお仕事内容は？

大きく分けて「掃除」「調餌」「給餌」

「掃除」ですが、生物たちの暮らしている場所を常にきれいにしておくべく、ろ過槽なども含めてひたすら掃除しています。水槽の上から手を入れてできるのもあれば、潜水作業が必要なものもあり様々です。

「調餌」では、全ての生物たちに適時適性なゴハンの用意をします。これも与える魚たちの口の大きさや形に合わせて切り揃えたり栄養強化したりとなかなか大変です。

そして「給餌」です。作ったゴハンを健康管理の視点で食欲などを見ながら与えています。すぐに食べるか？　食べる量は？　飲み込みは遅くないか？　など。

私たち飼育係は「掃除」「調餌」「給餌」を合わせて「さんじ」と呼んでいます。この「さんじ」を中心に、解説のための生物学の勉強やら、小動物の小屋を作製する大工仕事やら、パフォーマンスの発声練習やらと仕事はバラエティー豊かです。お待ちしております。

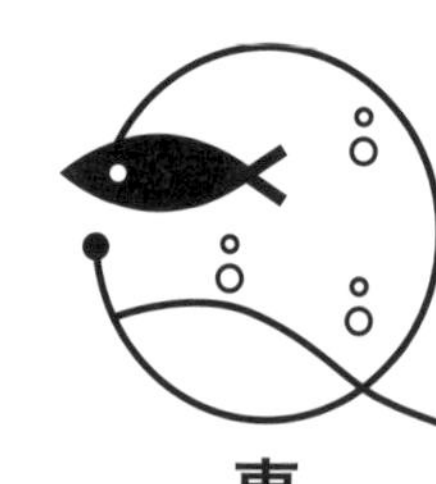

専門の学校に行かなくても働ける?

A

働けます。特別な免許はありません

生物が好きなことは言うまでもなく必要ですが、特別な免許はございません。専門学校に行けば、いろんな動物園・水族館に研修で行けるので、よい経験になるとは思います。持っていてほしい資格を挙げるなら「潜水士」です。これはペーパー試験で取れます。可能なら野外での潜水経験もあればうれしいですが、なくても学校のプールの授業で普通に泳げていたら、まず大丈夫です。普通に通学していれば問題ありません。

で、ここからがポイントですが、接客業でもありますのでコミュニケーション力は重要です。あなたが飼育担当する生物たちは語源が違う生命体なのです。話し合える人間同士でもコミュニケーションが取れないなら、生物たちと通じ合うのは無理です。頑張ってください。お待ちしております。

2章

OBICセンター長になっても企画展示に悩む日々

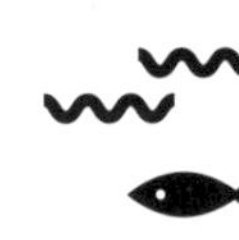

ＯＢＩＣ——大阪海遊館 海洋生物研究所以布利センターへ

１９９７年、ジンベエザメを中心に様々な海洋生物を研究する施設として、大阪海遊館海洋生物研究所以布利センターが高知県土佐清水市に開設されました。通称は以布利センター、もしくはＯＢＩＣです。私は１９９８年（だったような気がする）から、３年ほどセンター長として赴任しました。以布利の地との出会いは１９９１年（要は開業の翌年）、ジンベエザメのオス個体の捕獲畜養で高知県土佐清水市と以布利の漁協、以布利共同大敷組合の方々にはお世話になりまして、そこから懇意にさせていただいていました。

当時、私は高知でも以布利と反対側の室戸で魚の収集に、他のスタッフと2名で民宿に寝泊まりしていました。ちょうど、宿の娘さんが夏休みで里帰りされていて、「今晩、みんなで花火をしましょう」となりまして、私たちは大喜びで花火を買ってきました。娘さんはお母さんと浴衣の用意。ああ、やっと人並みの夏がやってきたわ、と喜んでいました。

花火の約束当日、朝の漁獲調査が終わって宿に帰ると、「以布利でジンベエザメが獲れた。すぐに向かえ」という会社からの指示。心配そうな娘さん。「どうせ大きいサイズですよ。

計測したらすぐに帰ってきますから花火しましょう」と言って向かったら、小さいサイズのオスでした。ああ、帰れない……。すぐに餌付けを開始して、大阪まで輸送し、ペア展示実施とする。輸送まで2カ月で決行せよ、という指示が出ました。26歳の夏でした。

それはさておき、以布利センターは同地域の生物相調査や海遊館への展示生物の収集基地として、今でも拡充して運営されています。地域の方々に愛される施設として、たまにメディアにも紹介されています。

ここからは、そこへの赴任中に起こった出来事をいくつか紹介させていただきます。

特技は成人男性でお手玉、ナンヨウマンタ

当時、いわゆるマンタは、オニイトマキエイと思われていましたが、近年では、ナンヨウマンタとして別種に分けられています。このナンヨウマンタは稀に定置網に入るのですが、大抵はサイズを計測して放流します。なんせデカいので。サイズ測定は漁師さんにお願いして網を水面ギリギリまで上げてもらい、私たちが海に飛び込んで、ヒレの幅とか頭の幅を計るのです。あと雌雄判別もします。

基本的には大人しいのですが、たまに急にものすごく暴れる個体もいました。それはもう、鳥が羽ばたくようにバッサバッサと。その場合は、成人男性（私ですね）が空中に跳ね飛ばされます。それはもう魚の力とは思えないくらいでした。さすが海の帝王（一部の方が称しています）です。お手玉のごとく成人男性を左右に飛ばす、という離れ業をやってのけるのは、魚類全体を見渡してもそんなにいないと思います。

で、この手のエイの仲間は、基本的に体表がツルツルなのですが、ナンヨウマンタは頭部から背中にかけてヤスリのようにザラザラしています。知らなかった私は、ウエットスーツの下だけ着用して水槽に入りました。すると、ヤスリ肌にこすられまくり、腕とかがズタボロにされました。海水が最大限に染みるような絶妙な傷が無数につくのです。

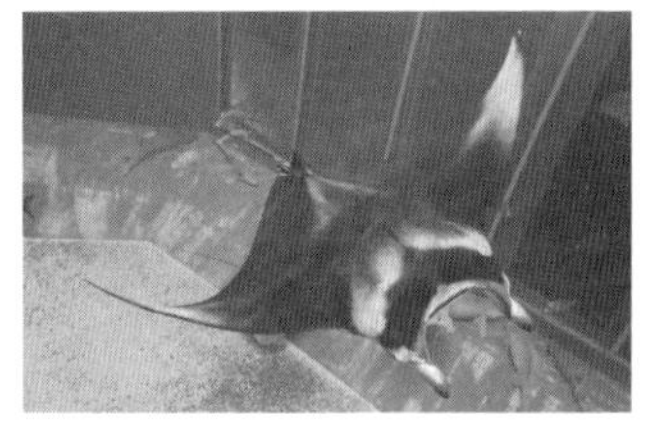

オニイトマキエイ（左）とナンヨウマンタ（右）。とても似ているが、オニイトマキエイのほうが体が大きくなる傾向。

写真提供：国営沖縄記念公園（海洋博公園）・沖縄美ら海水族館

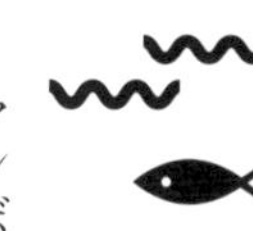

冬の風物詩？　マンボウ

マンボウは冬季によく見られていました。過去形なのは、ここ数年、ほとんど姿を見なくなったからです。一口にマンボウと言いましても、マンボウとヤリマンボウが多く、極めて稀ですがクサビフグが見られました。マンボウの中に、やたら巨大なウシマンボウらしきものが見られることもありました。

現地では冬季の重要な食料で、その身は水分が多く、大きな塊のまま鍋に入れて火にかけると、鍋の半分くらいまで水分が溢れてきます。その身は「さけるチーズ」のような感じで、包丁を使用しなくても簡単にさばけます。それを天ぷらやヌタ和えとかにして食します。淡泊ですが滋味があり、冬季の風物詩になっています。

水族館ではイケスで飼育します。餌はエビやイカのミンチが基本です。最初は口元までそっと持っていって食べてくれるまで気長に待つのですが、慣れるとものすごい勢いで泳いできてバンバン食べてくれます。「のんびりマンボウ」というイメージはどこへやら、本当に飛ぶようなスピードで遊泳します。そして、あの体形でなんと、イルカよろしく空中にジャンプもします。何回か見ましたが水底から上を向いて一直線に泳いできて、全身が空中に出るくらいにジャンプし、水面に身体を叩きつけてまた潜っていきます。

どうも、マンボウの体表によく張り付いている寄生虫を落としているらしいのです。以前、ジンベエザメを以布利センターの水槽で飼育していた時のこと、一緒にマンボウが入っていたのですが、潜水してジンベエザメの排便をバキュームで吸い出すという掃除をしていた時に、マンボウの体表の寄生虫を指でこすって取ってあげました。

するとこのたった1回の行為を記憶していたようで、それ以来、私が潜水すると寄ってくるようになりました。底の掃除をするので這いつくばるように潜水しているのですが、底と私の間にスルスルと横になって入ってくるのです。邪魔です。掃除できません。横にどけても、またスルスルと入ってきます。それで寄生虫を取ってあげると、満足そうな表情でどっかへ行ってくれます。なかなか頭のよい魚なんだなあ、と感心したもんです。

グルメすぎるイトマキエイとジンベエザメ

以布利センターの水槽で、イトマキエイの餌付けを開始しました。ナンヨウマンタによく似ていますが、ナンヨウマンタは頭が大きくイトマキエイは頭がやや小さく見えます。漁獲される魚たちに交じって捕獲されるので、どうしてもスリ傷などが発生します。この「スレ」にやたら弱いのです。生きて水槽に搬入できたことが、もうすでにすごいことなのです。これも地元の漁師さんのご理解あっての話なので、深く感謝です。

さて、このイトマキエイ。プランクトンを食べているのだろう、ということはわかるのですが、飼育する場合（大阪でジンベエザメを含めた他の魚たちと混泳させてキチンと給餌ができるようにする）は、なかなか困難な種類です。餌付けをするために、まずは上から餌をまいてみます。種類はイサザアミやオキアミです。最初は無視。もしくは避ける。

そこで、とにかく口の中に餌を入れて、胃までいってくれたら食欲というか消化活動が始まって自発的に食べてくれるようになるという手法に挑戦しました。爬虫類を扱う際に、わりと使われる手法です。

塩ビパイプに餌を詰めて両側を手で押さえて潜水し、水槽下でじっと待つ。ひたすら待つ。そのうち、通常は筒状に巻いている頭ビレ（マンタを想像してください。ツノみたいなのがあるでしょ?）が、なんとなーく広がります。これを広げることで、餌となるプランクトン等を効率よく口に集められるようになっているのです。その時に少しだけ前に進んで、塩ビパイプの中から餌をサラサラと口の中に入れるのです。

何回か試していると、視界が急に暗くなりました。「ん?」と思って上を見ると、ジンベエザメが大きな口をパクパクさせて、私に突っ込んできます。餌の匂いに反応し、食欲スイッチが入ったようです。あっと思う間もなく、私の頭をガブガブとしてきました。フードも被っていますし、ジンベエザメの歯はヤスリ程度の小さいものなのでケガはありませんでしたが、力がものすごく強いので、あれよあれよとマスクは外れてしまいました。数回ガブガブされた後、ジンベエザメは「なんだ食べられないではないか」という感じで、悠々と離れていきました。こっちはたまりません。

とりあえず逃げるように水面まで上がりました。陸上ではパートさんらが大騒ぎです。「ジンベエが下村さんを食べた!」「急にすーっと下までジンベエが降りたら、下村さんが消えたから食べられたと思った」と言われていました。

で、イトマキエイですが、その後は順調に餌を食べ始めて、数週間でジンベエザメと同じように水面でヒシャクにて餌を食べるまでに慣れてくれました。

餌付けで思い出したジンベエザメの話です。以前、餌付けにかなり苦労した個体がいました。水族館では基本的にオキアミとイサザアミを与えますが、それに加えてシラスなどを与えることもあります。とにかく「生きた」餌しか食べません、という個体で、オキアミなんか絶対に食べません、という感じです。

最初に反応したのは、「全長1センチまでの生きたキビナゴ」でした。毎日、湾内で捕獲していましたが、そのうちキビナゴは外海に出ていきました。次が「1センチまでの生きたハゼ」でした。毎日ハゼ採集です。調子よく水面でハゼを食べていたので、ひとつまみのオキアミを入れてみると、口に入った瞬間に吐き出すのです。途方にくれました。

さすがに野生からそんなに生きた魚ばかり獲れないので、養殖のマダイやヒラメなどの生きた稚魚を仕入れて与えていました。食べてはくれたのですが、「マダイは背ビレが嫌だ」とおっしゃるのです。言葉には出しませんが吐き出すのです。ではと、マダイの背ビレを爪切りでプチプチと切って与えていました。

他に試したのが、各種魚卵です。魚が産卵する時にジンベエザメが集まるという話だったので、タラコやシラコを与えてみますがダメ。匂いが重要では？　と思い、釣り用の粉餌、カニのむき身や各種魚の切り身も試してみますが、全てダメ。

高価な生きたイサザアミやシラサエビ、マツバガニの内子に外子を経て、なんだかんだでやっと普通にオキアミとかを食べてくれるようになった時には、食べてくれなかったマダイやヒラメなどの魚たちが、大きく成長して数百近い群れで暮らしていました。

これは漁師さんから聞いた話です。遠洋マグロ漁でマグロを寄せるために生きたイワシを大量にまくのですが、ある時、まいたイワシがすごい勢いで海面下に吸い込まれていくのです。「なんだ？」と思ってよく見ると、洗濯機のように渦が巻き起こってイワシが消えていきます。実は下で大きなジンベエザメが口を開けて、イワシを吸い込んで、というか飲み込んでいたそうです。

迷いイルカ……え、私が助けるの？

イトマキエイとジンベエザメの餌に悩まされていたある日、寒い時期だったと記憶しています。「近くの川にイルカが迷い込んでいるのです。見に行かんかえ？」と、近くの足摺海洋館の方に誘われました。行ってみると、なるほど6頭ほどのマダライルカの子どもが、川の浅瀬でグルグルと遊泳しています。橋ゲタが怖く、海に帰れないようです。

干潮で水位はジワジワと下がっていきます。「自然に出られないもんなんだなあ？」と、見物客と交じって土手から見ていました。メディアもいくつか来ていました。アナウンサーさんがカメラに向かって、「今から地元の水族館の方により、救出作戦が始まります」と叫んでいます。「ふーん。大変だなあ……ん？」なんでカメラがこっち向いているの？顔みしりの新聞記者さんが、「下村さん。早く飛び込んでよ」と言うので、「いや、あのね。イルカは簡単に触れないのですよ。自治体とかの許可がいるの」と話すと、その記者さんは目の前で携帯電話にて「あー、市長さん？」とかくかくしかじかと話し出します。数秒で「市長の許可とりました。さあ助けてあげてください」とおっしゃるのです。

さりげなく帰ろうとしていた足摺海洋館の方を捕まえて「屈強な漁師数名と漁船用意して」とお願いし、以布利センターにも「誰か来てー」と連絡しました。あいにくこの春に事務のアルバイトで来てくれた、元ヤンのお嬢さん一人しか手が空いていません。それでもいいからとりあえず来てもらいます。

まずイルカを全て捕まえる、陸上のスポンジマットに並べる、トラックで港へ運ぶ、漁船に積む、沖で放流、という流れを決めて、数名で川に突撃しました。とにかく呼吸孔に水が入らないよう、皆さんにお願いし、ドンドン陸上に並べていきます。見ると元ヤンお嬢さんは呼吸孔に指を入れて遊ぼうとしていましたが、何とか未遂で防ぎ、全頭無事に沖へ戻すことができました。

ちなみにその日は雨で、寒い日だったので、翌日には発熱して寝込みました。あのイルカたち元気かなあ……。そういえば、この時の私たちがイルカと遊んでいるように見えたらしく、「ぼくもイルカさんと遊ぶのー」と、川に入ろうとする幼児の姿もありました。

あー、この話で思い出しましたが、大阪の関西国際空港近くの消波ブロックに、迷いオットセイが確認されたことがあります。とりあえず見に行ってとなりまして、小さい個体と聞いていたので、大き目の網だけ持っていきました。現地に着き、通報者の方が「ほら、あそこにいます」と指さす方向を見ると、なるほど子どものオットセイがいます。

近くまで行くと傷が見えます。ケガをしているんだ……と、思っている間にテレビ局のカメラが数十台。通報者の方曰く、「全てのテレビ局に電話したから、捕まえてな」とのこと。無理無理！　一人でできるわけないやんか！　と思いながらも、しかたなく網で「やーっ」と捕まえようとしたら、さっと逃げました。うん。そらそうだ。消波ブロックの上でっせ。足場が悪いし、いつでも海に飛び込んで逃げられるわけですよ。

「仕切り直しですねー」とか言って帰社しましたら、国内の主な水族館幹部やら館長様から、「てめー！　下村！　あんなセミ捕りみたいな網で獲れるわけねーだろ‼」「水族館業界の恥さらしめが！」など、叱咤激励という名の叱責をこれでもかと頂戴いたしました。

どうも全国ネットで放送されたようです。なんという恥。膝を抱えて凹んでいた数日後に、またオットセイが現れたので、飼育スタッフ総動員で捕獲して保護しました。

カワウソならぬウミウソがいたらしい

これは、絶滅したとされるニホンカワウソを調べていた時の話です。以布利センター近辺にもカワウソは生息していましたから、その話を拾い集めていました。その中で非常に興味深かったのが「ウミウソ」の話です。

古老の漁師さん曰く、「カワウソとは違う、ウミウソというのがいた」「よく沖の定置網に入っていた」「ウミウソはカワウソより少し大きい」「海岸の岩陰で子育てする」「主にカニを食べている」だそうです。カワウソとは明確に分けておられました。※イリオモテヤマネコとヤマピカリャーみたいにまだ正体がわかっていない生物がいたのかもしれません。

岩陰にいたカワウソ？　の子どもを捕まえてしばらく飼っていた、というおじさんがまだご存命だったので、お話を伺いました。「庭に池を作って飼っていた」「生きたドジョウを毎日捕まえて与えていた」「大きくなった時に都会の毛皮商人が来たので売った」「当時はすでに数が少なかったし、高級毛皮だったから高く売れた」「あれがカワウソだったのか、ウミウソだったのかはわからんなあ」ということでした。ニホンカワウソは現在、国としては「絶滅種」としていますが、とある県ではまだ生存していて「絶滅危惧種」にしています。実際に今でも目撃例はありますので、期待したいところです。

ちなみにニホンカワウソの剝製を見て思ったのは「こんな大きな哺乳類が川で暮らしていくのは、日本ではもうかなり困難だろうなあ」ということです。小型のコツメカワウソの食欲を鑑みてですが、彼らの腹を満たしていくだけの魚やカニやエビがいて、ある程度の個体数を維持できる河川が、まだ日本にあるのかな？　反対に昔はすごい自然豊かだったんだなあ、と感じずにはいられません。

※イリオモテヤマネコ　西表島に生息する野生の小型ネコの仲間。現地の方々によると、島の奥地には、もっと大きな「ヤマネコ（ヤマピカリャー）」がいたらしい。

謎の生物UMA、もしくはシャチ

以布利センターにはたまに、近所の方々が生物関係で相談に来られます。その中で記憶に残っているのが、「昨日、テレビで宇宙人特集を見たけど、ミステリーサークルというのが紹介されていた。うちの田んぼにも毎年できるんだが、宇宙人が私に何を言っているか教えて」という相談でした。

「それは先日の雨で稲穂が自然に倒れているだけですから大丈夫です。そもそもサークルというか円形になっていません。仮に宇宙人が来ていたとして、おばあさん一人分の米を収穫する山間の田んぼにメッセージは残さないと思います」

このように説明させていただいたら、納得しておられました。たまにそういうひと癖ある相談もありました。

宇宙人ではないですが、もう一つ見間違いに関する話があります。ある日いつもどおり定置網漁に同行しました。10メートル弱の船2隻に各10名ほどが乗船し、網を巻き上げるのです。ふと海を見ると、2メートルくらいの黒い棒？　が船から数十メートル後ろに現れます。すぐにすーっと海中に消えていきました。「なんだろあれ？」と思っていると、次にわりと近くにまたドーンッという感じで現れます。目を疑いながらも「ああ！　これは！」と思った瞬間、他の船員さんが「潜水艦や！」と騒ぎだしました。

すかさず、船長さんが「シャチやー！　いかん！　網離せ！　全力で港へ引き返せ！」

となりました。船長の言うとおりシャチでした。もしかしたら船よりデカいかもしれない生きものが、こちらを凝視しているのです。これはもう、恐怖でしかありません。UMAではないですが、もう怖かったです。

大阪北部にはツチノコがいます！

またある日、「夏の大雨の夜にツチノコが出るから退治してほしい」という依頼が来ました。雨が降るとよく現れるから、気持ち悪いし怖い、という内容でした。だんだんデビルハンターみたいになってきていました。

まあ、何かは出るんだろうなあ、と夏の大雨の日にその場所に車で向かい、しばし待っていました。なんせ朝から雨で、依頼主のご婦人がわざわざ、「今日は出るぞ。今晩行くのじゃぞ」とおっしゃるのです。それは山から海へ流れ込む細流沿いにある、車1台しか通れないような細く舗装もされてない林道です。すごい大雨で、「今晩じゃ。こんな夜に出るがよ」とおっしゃっていて、「はあ。では行ってきます」となりました。

カエルの声と雨音。細流は道に溢れつつあります。川というより大きめの側溝みたいなものでした。

「まあそんな簡単には出ないよね」と思って、カエルの声を楽しみながら、ツチノコがよく出るという側溝が少し曲がっている場所で待つこと数時間。そいつは出ました。茂みからずずずうーと！　ビール瓶より少し細く、茶色系の迷彩色、全長は1メートル近い。

「うわわわー!!　出たー！」

なんと立派なオオウナギさん。その時は雨で溝が溢れそうになっていて、こんな時にオオウナギが陸上に上がって移動することは知られています。いくつかのＵＭＡというか謎の生物は案外こんな感じではないでしょうか？　後日、ご婦人にオオウナギの写真をお見せして、「これですか？」とお尋ねしたら、「これこれ」とおっしゃっていました。

ちなみに、私が小学校低学年の時にツチノコのオモチャを持って庭で遊んでいたら（何か今と変わってないぞ）、祖父が血相を変えながら「それは毒がある、すぐに捨てろ！」と叫んで走ってきました。オモチャが本物に見えたようです。

祖父曰く「これはゴハッスンというヘビで猛毒がある」そうです。実際に祖父は目撃したらしく、猛毒というからには被害があったのでしょう。ということで、大阪北部にはツチノコがいます。その名はゴハッスンです。祖父はやたら厳格な人で、学校の校長もしていて、絶対に嘘やホラを口にしませんでしたから。

北極の海には巨大クリオネがいる

水族館では定期的に常設展示以外の企画展示を行います。「魚だけでなくいろんな生きものの知識」と「これまでのイベント会社での実績」から私は企画展示の担当になりました。その時のことを少しお話しさせていただきます。

カナダのバンクーバー水族館との交流がありました。その中で「北極の海には巨大クリオネがいるよ」という、実に興味深い話が出てきまして、「では」と採集に向かうことになりました。

向かうは北極圏、カナダ領内のレゾリュート島です。アメリカ経由でカナダのイエローナイフからレゾリュート入りしました。

さっそく、バンクーバー水族館の方々と一緒に、採集探索です。さすが北極、現地では夏でも寒いです。オンザロックの海に潜水しての採集となりました。ダウンジャケットの上下の上にドライスーツを着ていましたが、レギュレーターをくわえている口元は防寒できませんから、15分くらいが限界でした。口元がさけてくるのです。

極寒の海中の生物たちは省エネで、動きもゆっくりなので、手づかみで簡単に捕獲できます。様々な魚たちを採集していきましたが、なかなか目当ての「巨大クリオネ」の姿が見えません。そこで私は、船に引き回されながら湾内のクリオネを探しました。船から10メートルくらいのロープを伸ばして、その先端に私が掴まります。で、人間が歩くくらいの速度で、ゆっくり船を進めます。私は船に引かれながら上下左右を見渡して、クリオネを見つけたらロープを離して捕獲に向かう、ということです。いや余計に寒いから……。また、陸上から海水へのエントリー（入水）では、一人は陸上で潜水者につないだロープをつかんで待機します。流氷の下に入り込むと、上がってこられなくなるからです。では陸上は安全なのかといいますと、さにあらず。

ホッキョクグマがいます。現地名ナヌック。「熊怖い」と訴えると、現地ガイドのイヌイットの方が、「これで撃て」とライフル銃を渡してくれました。「いや、銃を使ったことないです」と私。「んーではこれ使いなさい」と熊除けスプレーをくれました。「熊の鼻にピタリとつけて噴射しなさい。熊は嫌がるらしいから」とおっしゃるのです。いやいや手の長さを鑑みたら私の頭は確実に吹っ飛ばされてしまいます。

そんな陸上係の時です。クマ出ないでね、と思いながら周りを見ると、波打ち際に数頭のアザラシがキチンと並んでいます。「おお、野生のアザラシだ」と、ゆっくり寄っていくと、全て死亡しています。現地の方々の食料だったのです。天然の冷蔵庫です。

解体を見学していると、「一口どうぞ」。いただきました。生です。現地では重要な食料で、貴重なミネラル補給源です。断るのは失礼ですので、ありがたく口に入れました。

味は……醤油とショウガがあればなあ、でした。

さらに周りの陸上を見渡します。行ったことないし、これからも行くことはないだろうけど、火星ってこんな感じなんだろうなあ……そんな、荒涼としたすごい光景でした。そんなことを考えて一軒だけある宿? に帰ると、ヘルメットも勇ましい宇宙飛行士姿の方々がいらっしゃいました。「NASAオタク? 火星みたいな場所だからコスプレ撮影? どっちなんですかあ?」と尋ねたら、本当のNASAの観測隊の方々でした。「火星探索の練習で来ているのだよ」と返答されて、非礼を詫びつつ

著者撮影の夏の北極の海。

も初めて見る本物の宇宙飛行士に感動していると、「こんな寒い海に潜る君たちのほうがおかしいよ」と言われて、「いや宇宙のほうが怖いよ」と強く思いました。

レゾリュートの飛行場は砂利道が一本だけで、小さい倉庫のような小屋が一軒、という感じでした。荒涼とした場所でしたが、足元の砂利や岩の隙間を覗いてみると（この癖は幼少期から全く直らないのです）クモがいました。それも、１００円硬貨くらいのそれなりに大きなサイズなのです。「こんな極地にもかっこいいクモがいるのだ」とすごく感動しました。何がどうかっこいいのかと聞かれると、うまく説明できません。すいません。

それはともかく、後日どうにか目当ての巨大クリオネを無事捕獲し、ようやく帰国です。飛行機が下りてきました。と、思ったら、また上昇してどっかに行きます。呆気にとられていると、天候が悪くなるから着陸を止めたのだそうです。数日後にまた来るよ、となりまして、せっかくパッキングした生物を凍える手でまた海に戻して次回を待ちました。

短い北極の夏が終わりそうです。実際に翌日は吹雪(ふぶき)でした。急に冬になるんだ……。いや、このままだと次の夏まで帰国できないぞ？　となりました。それなりに焦りました。

ちなみに滞在したのは禁酒法のある場所で、酒が一切ありません。なんということだ。マイエナジーがない。こんな時にないなんて……。

結局、2日後に何とか帰国できました。搭乗した飛行機ですが、10人ほどしか乗れません。体育座りでベルトしてね。荷物はみんなの後ろだよ、という感じ。人間も荷物も同じ空間でした。とっても怖かったです。

そして、獲ってきた巨大クリオネですが、お客様に「気持ち悪い」と言われてですね、「クリオネは小さいのがいいね」という結論になりました。

イギリス貴族だけが飼っていた日本初展示の金魚

金魚は元々、中国から渡来しました。諸説あるのですが、大阪の堺に初上陸したそうです。そういう由来もあって、「国内初展示の金魚を展示しなさい」という指示がありました。金魚で日本初ってなんだろ？　当然、本家の中国にはまだまだ知られていない品種がいたと思いますが、入手する術が全くわかりませんでした。

それで、偶然にもイギリスに変わった金魚がいるという話を聞いて調べると、その名も「ロンドン朱文金（しゅぶんきん）」「ブリストル朱文金」。名前だけで紅茶とスコーンが欲しくなる品種でした。では入手しよう、となったのですが、当然、どこにも販売されていません。現地では「sir」の称号が付く高貴な方々が趣味で飼育されていて、サロンの中でしか存在が知られていないような種でした。

困り果てていたところ、会社と関係のある商社の方が、何とか貴族の方につなげてくださいました。「後は電話してみて」と言われ、とりあえず電話してみました。オロオロ英語で話しますと「今さあ、ワールドカップ（サッカー）始まったばかりだから、それ終わったらね。ぐっばい」と電話を切られました。とはいえ何とか話がまとまりまして、「関空着で送るよ」となりました。

深夜の国際貨物受け場で大きな箱を受け取り、いそいそと中を確認しました。最初の袋を引っ張り出します。６匹ほど輸送してもらっていて、１匹ずつ大事にパッキングされて日本までやってきたのです。で、最初の袋。夜間だったので、逆光の中に映るそのシルエットは「……フナ？」。姿はフナで、体色はやや透明がかったキャリコ（マダラ）模様でした。これがロンドン朱文金。そして次の袋には、長く張りのあるハート型の尾ビレに、濃い鮮やかなキャリコ模様の金魚。これがブリストル朱文金です。今では専門店でも販売されているブリストル朱文金は、こうして初来日となりました。

その後、愛好家の方々がイギリスから来日され、日本の金魚も持ち帰られて、金魚を通じた国際交流もありました。2002年の話です。実によい展示会でした。

一番好きな魚、ポリプテルスの展示

よく「一番好きな魚はなんですか?」と聞かれます。これは時と場合によって変わります。原点はオイカワとか日本の淡水魚なのですが、絶対王者といえるのはアフリカの淡水域に生息するポリプテルスの仲間です。多くの方はその名をご存じではないと思います。説明しても「?」となりますので、普段は言わないようにしています。

この魚はいわゆる生きた化石でして、他の様々な古代魚――ハイギョやチョウザメ、ガーパイク、シーラカンスなどの特徴を合わせ持った、キメラ的存在です。姿がもう素晴らしいのですよ。怪獣のようなギザギザした背ビレや、古めかしい尾ビレなど。初めて実物を見たのは中学生の時ですが、その際の光景はいまだに脳裏に焼き付いています。

10種類以上が知られていますが、多くが30〜60センチくらいの中で全長1メートルを超え、ギザギザ背ビレも一番多い、この仲間の最高峰ともいえるのが「ポリプテルス・ビキール・ビキール」です。あのナポレオンがエジプト遠征時に発見し、「この遠征で一番の発見」とも評した魚です。

しかし、その生きた姿は全く紹介されず、論文や海外の文献でも白黒写真が掲載されていました。カイロの博物館に展示されているのですが、それも剥製でした。一時はその存在も怪しいとまでいわれたこの魚をどうしても見たいと、すごい情熱をもつ五十嵐さんという方が、なんと現地まで観察に向かったのです。その時の様子は観賞魚雑誌に紹介されました。生きた姿が紹介されたのは、世界でも初めてだったのではないでしょうか。

それから数年……、なんと五十嵐さんは、ビキールを生きたまま日本へ搬入したのです。繁殖を目指した研究目的でした。これは何とか見たい、展示してたくさんの方々に

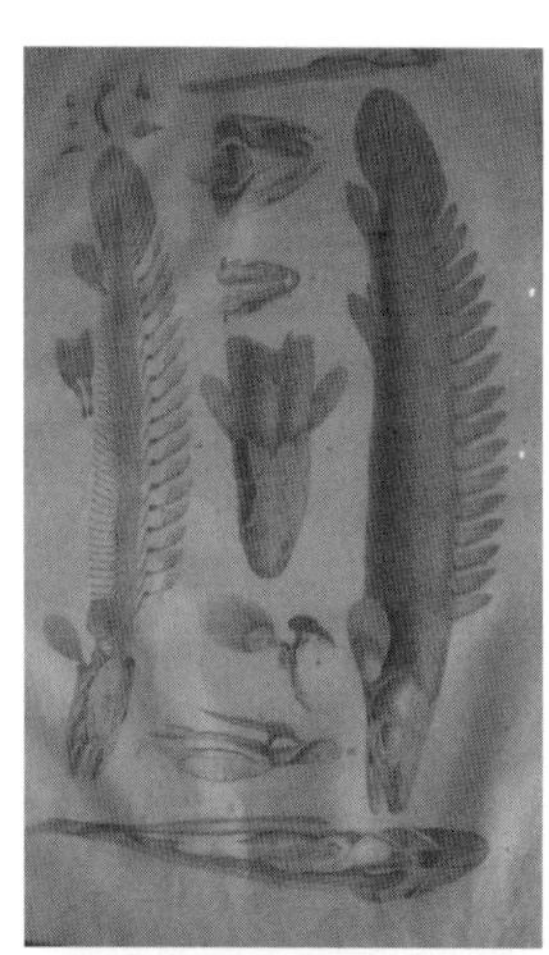

ポリプテルスの仲間（下）と『エジプト誌』（上）

この素晴らしい魚を知ってもらいたいと思い、五十嵐さんと交流のあった知人に紹介を受けて、なんと水族館で展示してもよいという許可をいただきました。

飼育場で初めて見た生きたビキールは、圧倒的な存在感でした。ひたすら感動です。そして何とか特別展示となりましたが、五十嵐さんのポリプテルスコレクションもお借りして、展示させていただきました。

先述したとおり、ビキールはナポレオンのエジプト遠征時に発見されましたが、この時行われた調査をまとめた『エジプト誌』にもビキールが銅版画で紹介されています。五十嵐さんはこの銅版画も所有されていました。ビキールの解剖図も含めた精巧な原本です。『エジプト誌』は当時の王侯貴族用に少ししか作成されませんでした。どうやって入手されたの？　これ⁉　本当に全てケタ外れの方でした。

ちなみに最初にアフリカ遠征された場所は、治安が悪く、軍隊が護衛についての採集だったそうです。「軍が護衛ですか？」「そうです。ロケットランチャーとか抱えていました」「……」。今回もそこへ採集遠征されたそうです。

展示中にウットリとビキールを見ていましたら、横にいた小学生のお客様が「ポリエステル・ビニール・ビニール」と呟かれて「うまいこと言うなあ」と感心しました。

世界最大、コガシラスッポンの展示

私はカメも大好きです。カメの特別展示がしたいと思い、「そうだ世界最大のスッポンを展示しよう」と思いつきました。スッポンは誰もが一度は耳にしたことがあるでしょうし、食用でも有名、何よりかわいい。

よく知られている「スッポン」はニホンスッポンで、甲羅は30センチくらいです。でも世界を見渡すと、甲羅で1メートル以上になる種もいて、比較的大型の仲間なのです。そこで最大種とされるコガシラスッポンを展示しようということになりました。

このスッポンは、甲羅に幾何学模様が入る美麗（私にはそう見えます）なスッポンです。とにかく大きくなる種で、イメージですと座布団とかテーブルが泳いでいる感じです。首を伸ばすと畳一畳くらいに見えます。東南アジアに生息し、当時は1種とされていましたが、現在は約4種に分けられています。

その時はいろいろ調べて、協力者もいるマレーシアのペラ川に捕獲に向かいました。現地でこのスッポンはひどく嫌われていました。川で泳いでいる際に噛まれて大ケガを負った方が多いようでした。そんなに事故が多いなら、たくさん生息しているのだろうと思ったのですが、実は食用として捕獲されていて、数がかなり減少してきた感じでした。

実際に近くの食堂で「カメ好きなの？　裏においで」と言われて、行くと倉庫があり、中には数百ものカメが山積みになっていました。種類はホオジロクロガメでしたが、全て日本ではまず見かけない大きなサイズで、色彩も変化しており、一瞬「これ何ガメ？」と困惑しました。「こんなに獲って減らないの？」と聞くと、現地の方は「そこらにたくさんいるよ」と答えてくれました。これは2000年代前半の話です。現在はこれらの、というかカメ全体の数が減少し、ワシントン条約で捕獲や輸出入が規制されています。

さて、コガシラスッポンです。現地の方々の協力により日本のスッポン漁とまんま同じ方法での採集です。首くらいまで川に入り、長い棒で水底をツンツン突きながら歩きます。コガシラスッポンは砂泥底の場所を好み、そこに潜っているのです。なのでコガシラスッポンに当たると棒がズズズーと引っ張られます。そこで「いたぞー」となり、周りを網で囲んでの捕獲となります。

川の水は黄土色でした。口に水が入ります。「これ、各種病原菌の濃縮ジュースなんだろうなあ」「あとあと病になるだろうなあ」とか思いながらの捕獲作戦でした。その甲斐あって、何とか大型の個体2匹を確保できました。

他の展示用のカメも捕獲して、無事に日本まで輸送し、展示を行うことができました。

この当時、原因不明の発疹で困っていたのですが、東南アジアにいる間に、なぜかきれいに治癒しました。汗で悪化するかと思っていたのに。喜んで帰国したらまた発症し、日本が合っていないのかも？　と、家族に変な目で見られていました。

それはともかく、コガラシスッポンですが、捕獲してきたのはいいものの、餌を食べるまでに1カ月かかりました。何を与えても見向きもしません。やっと食べてくれたのは「2枚おろしのウナギ」でした。それを棒の先につけて、新体操のリボンのように目の前で回すと、すごい勢いで喰いつきます。

このコガシラスッポンさん以外にも、家から飼育していたカメを数点展示用に持ってきました。この時代が一番家で飼っているカメが多かったと思います。当時も高価でしたが、今ではとてもとても手が出ない値段になっている種類も多数います。

なかでも、ヒラタニオイガメというカメはペアで飼育していて、よく繁殖していました。たぶん日本初の繁殖例だったと思います。その子亀たちは、私が留守にしている間に母が近所の子どもに配っていました。無料で。今なら車が数台買える値段なんだけどなあ……。

世界最小の魚を求めてジャングルへ

ジンベエザメが世界最大の魚、では世界最小は？　これは２００６年に発表されたドワーフ・フェアリー・ミノー（*Paedocypris progenetica*）という、インドネシア・スマトラ島に生息するコイ科の魚です。成熟個体で全長７・９ミリ。ざっくりした比率ですが、人間がこの魚ならジンベエザメは富士山くらいということになります。これを導入してジンベエザメと比較展示してみよう、ということになりました。

生息場所はスマトラ島です。現地に詳しい協力者と一緒に向かいました。論文に記載されている緯度まで、ＧＰＳを頼りにジャングルに分け入りました。……すると、その場所の川が干上がっています。なんてことだ！

ということで、周辺のジャングルをひたすら探すことになりました。移動手段は船です。船といっても３人乗りくらいの小さいカヌーに、船外機（エンジン＋推進機・舵）をつけた船です。行く先は観光地とかではないので、宿泊先は床は地面、カギはない、電気もほぼ通っていない、というところばかりでした。

会社からは、毎日安否確認の連絡をと言われていましたが、当時は携帯電話もなく、宿にも電話はありません。今ならコンプライアンス的に絶対ダメなんだろうなあ、という旅でした。ある宿では、川に入って採集して戻ってシャワーを浴びたものの、よくよく見るとその水は裏の川の水をそのまま使っている、なんてこともありました。要するに、今まで入っていた川の水で、再度体を洗っていたということです。

そんなある日、ついに生息地を発見しました。ジャングルでも本当に細流で、深さも腰までくらい、養分を溶かしたきれいな薄茶色の水（紅茶みたいな水です。本当にきれい）で、クリプトコリネという水草がたっぷりと見られました。聖地のような場所です。

意外と思われるかもしれませんが、こんなに自然豊かな場所はスマトラ島でもかなり限られていました。かなりの土地が開拓されているのです。ここでは様々な生物が観察できました。下流の海に近い場所では、コツメカワウソも見ることができました。

ともあれ、そこで採集を実施し、シンガポールで協力者の魚輸出業の方に魚を預けて、養生してから日本へ輸送するようにお願いし、帰国となりました。

余談ですが、ちょうどその方のご結婚◯周年（何年か失念しました）の宴があり、呼ばれました。華僑の方で、大きな宴会場を借りて、司会は芸人さん、テレビ中継もされるという豪華絢爛な宴でして、私らは末席で御馳走をいただいていました。急にライトが当たりまして、司会の方が何やらおっしゃっています。「今日は日本からもゲストが来てるぜ」「さあ前に来なさい」ということで、前へ。この場合は必ずカラオケなんです。で、日本人ならもう勝手に谷村新司さんの『昴』を歌うという流れ。アジアでの『昴』はすごい人気なのでした。元祖日本語の『昴』を歌いまして、拍手喝采を浴びて帰国しました。

会社に戻り、少しだけ目的の魚も手荷物として持って帰りましたので、社長に「捕獲してきました。これです」とお見せしたら、「なんや小さいなあ」と残念そうなお声で、いや小さいから導入したのになあ、と複雑な思い

ジャングルでドワーフ・フェアリー・ミノーを採集している著者。

でした。

展示中には産卵行動も観察でき、その独特の行動から「クリプトコリネが自生していないと生きていけない魚」だと確信しました。それまでは、この魚の腹ビレが「物をつかむことができる」「繁殖時にメスを保定するのかも」という仮説が論文に記載されていました。実際に観察してみると、この腹ビレで水草の裏につかまって静止しているのです。小さい魚ですし、水草の周りを泳いで急にピタッと止まる行動は、ある種の昆虫のようでした。そうやってオスがメスに産卵を促しているのがわかりました。なので、幅の広い水草であるサトイモ科のクリプトコリネの仲間がないと産卵できそうにありません。そして、この水草は自然豊かな場所でないと見られません。自然はかくも絶妙なバランスで成り立っているのだと痛感しました。

ドクガエルが腕にー!? 有毒生物の展示

毒がある、というだけで、なぜか人々はその神秘にワクワクするようです。その有毒生物を集めた企画展示を開催したのです。ここでも国内初展示を持ってこいと言われ、地球上でもトップクラスの猛毒生物である、モウドクフキヤガエルをドイツから輸入しました。

このカエルは数センチの全身で、黄色でとても美しいカエルですが、体表からにじみ出てくる毒によって、人間の大人数名を軽く死亡させるという猛者なのです。それ以外にも、有毒なカエル数種類に、ムカデ、サソリ、タランチュラの仲間といった巨大なクモ、ドクトカゲにミノカサゴなど、そうそうたる面々がそろいました。

今ではこうした有毒のカエルたちは、野生である種のシロアリを食べて体内に毒を生成して溜めておく、と、ここまでは解明されており、繁殖個体は基本的に無毒とされています。しかし当時は、「いやいや繁殖個体でも怪しい」とされておりました。この毒は相手を噛むとか刺すとかで体内に注入させるのではなく、皮膚の上からでもしみ込んできて相手を倒す、という極めて恐ろしい種類のものです。

ですので、基本的に私以外は触らないでね、としていました。私もケースに手を入れる時はゴム手袋を着けていたのですが、ある日、メンテナンスをしていたらモウドクフキヤガエルさんがピョンと跳ねて、素肌の上に乗ってきました。どっと吹き出る汗。落ち着け俺、と言い聞かせながら、思いっ切り息を吹きかけて飛ばし、必死に水道水で流しました。今では笑えますが、当時は「わー、死んだ俺」と本当にそう思いました。

その展示会の時に、専門学校の生徒さんが研修で来ていました。一緒にメンテナンスをしていた時に、予備水槽からミノカサゴを取り出して展示に追加することになりました。「いいですか？　このミノカサゴは背ビレに毒があるから十分に気をつけるのだよ」と言って、網ですくったらジャンプしてですね、私の手の甲に背ビレの毒針数本をローリングアタックしてくれたのです。

ほんの数ミリというか、1ミリにもならない深さの刺し傷ですが、一瞬で吹き出る鮮血。「む……ね、危ないでしょ？　では他の作業に行ってください」と言う私。最初は、痛いなあ、という感じだったのですが、数分でズキズキ、そして激痛、さらには手が倍近く腫れあがり、心臓がバクバクして苦しくなってきました。タオルを口にくわえて脂汗をダラダラ流しながら耐えること1時間弱、もう無理だと、近くの病院に駆け込みました。

病院の先生「どうされました？」。私「毒のある魚に刺されました」。先生「おお、ちょうど近くの水族館で有毒生物の特別展示しているから、その担当さんに聞いてみます」。私「それ私です……」という会話をして、患部を冷やそうとする先生に「冷やしてはダメなんです。温めてください」とか話をして、何とか助かりました。

思えば多数の有毒生物に刺され、噛まれてきました。ダメなんですが少しだけ振り返るとですね。アカエイ⇩痛い。カラスエイ⇩激痛。マダラトビエイ⇩激痛。ハオコゼ⇩痛いよう。ゴンズイ⇩痛いよう。アカクラゲ⇩激痛。アンドンクラゲ⇩激痛。オオスズメバチ⇩熱い痛い苦しい。こんな感じでミノカサゴは激痛&苦しい、と断トツの怖い生物でした。

なお、アカクラゲはシラス漁に出た時に、獲れたてシラスを網からそのまま食べていいよと言われ、手ですくって食べたら触手が交じっており、唇がビックリするくらいに腫れあがりました。

子どもたちはかわいいはずだよ！　コモリガエル

カエルの企画展示もしました。ドクガエルを含む様々なカエルたちです。なかでもユニークなのがヒラタピパです。別名「コモリガエル」。15センチくらいのペッタンコなカエルで、イメージとしては卓球のラケットに手足をつけた感じです。一生を水中で暮らしており、前肢にある指先は小さく星形で、それが味覚センサーになっています。

このカエルのすごいところは、親が背中に卵を背負う⇩その卵の中でオタマジャクシの時期を過ごす⇩小さなカエルになって出てくる、という生態です。そしてなんと、展示中に産卵してくれました。最初は小さめのイクラサイズの卵が背中に並んでいます。親の背中が盛り上がってきて、やがて卵は上だけ残して完全に親の背中にズブズブ埋没します。

私は大喜びですが、他のスタッフ、特に飼育係以外の社員からは「気持ち悪い」の大合唱でした。何という暴言だ。お客様は喜んでくれています、と思ったら、やはり「気持ち悪い」という反応でした。

いやいやこの自然の神秘を見てほしいし、子どもガエルが出てきたら「カワイイ」となるのだよ、と自信を持って展示続行です。そして子どもガエルになりました。さあ出ておいでー……出ないなあ、ということで、戯れに餌のイトミミズを背中にまくと、子ガエルたちは親の背中から出ずに長い指を持った前肢をイソギンチャクのように出し入れしながら、ミミズを捕食し始めました。ム……出ない。

平たい背中からザワザワと出てきては引っ込む長い指の手……もっと怖くなったなあ、とか思っていたら、数日でやっと子どもガエルは親の背中から飛び出してくれました。まあ、かわいい。親を見るとクレーターのように穴だらけの背中となり、さすがの私も「これはこれは」とたじろぎました。まあ数日で元に戻りましたが、自然ってすごいなあと感心したものです。

ちなみに小型のカエルたちの餌はショウジョウバエなのですが、これも水族館で繁殖させていました。早い話がウジをわかせていました。このハエは、遺伝子実験で改良されたウイングレスというタイプです。すなわち「飛べないショウジョウバエ」なんです。

名前が似ているが違うよー、イモリとヤモリ

今ではほとんど見ることができなくなった欧州のイモリの仲間や、世界各地のヤモリを集めた展示会を行いました。今でこそ「レオパ」とか呼ばれて一般的にも人気のあるヒョウモントカゲモドキも、当時はまだそんなに品種も多くはなく、出始めの時期でした。なかでも、今では天然記念物に指定されて飼育できなくなった、奄美大島のオビトカゲモドキやイボイモリなど、国産の一般には知られていない種類も展示しました。

思い出があるのは、やはり世界最大種のニューカレドニアジャイアントゲッコーです。ヤモリなのですが、成人男性の二の腕くらいのサイズがあります。そのサイズで、果実やフルーツゼリーをレロンレロンと舐めて食べるのです。

展示会の開催中、他の動物園や水族館の方々も見学に来られました。裏でストック用に飼育していたオビトカゲモドキを見ると、倍くらいに数が増えていました。あえてあまり手をいれず、気温とか湿度とかの環境をしっかり管理していると増えていました。すごく神経を使って、全力で放置するという方法でした。これらの生体たちは、その後、他の動物園や水族館で大事に飼育されることになりました。

時にヤモリは鳴くのです。「チーチー」とか聞かれたことないですか？　で、この時に展示していた東南アジアのトッケイゲッコーですが、20センチ近い大型種で、その名の由来となった「トッケイ」、またはヤモリの英名由来になった「ゲッコー」とも聞こえる、大きな声で鳴きます。「トトトートッケイトッケイ！」もしくは「ゲゲゲッゲッコー！ゲッコー！」と鳴くのです。鳴くと理解していてもビックリしますし、初めて聞いた水族館の宿直者はモノノ怪が出たと本気で怖がっていました。

イモリの仲間たちも、繁殖期になりますとオスは背ビレ？　というか、背中に怪獣のような帆が現れます。これを何とか見てもらいたいので、水温・気温に注意して多数の繁殖に成功しました。

絶滅をぎりぎり回避した高級金魚・土佐錦魚

土佐錦魚と書いて「トサキン」と読みます。高知が誇る金魚の品種の一つで、尾ビレが反転するのが大きな特徴です。ジンベエザメをきっかけに、大阪と高知県での友好を深めるべく、海遊館で高知県を紹介する企画を開催しようとなりまして、土佐錦魚を紹介することになりました。

高知県から紹介されたのが、野中さんという土佐錦魚愛好会の会長さんでした。高知市内で鉄工場を営まれていた方です。そこで挨拶と金魚を譲(ゆず)り受けに向かいました。そこで見せていただいたのは、鉄工場の屋上一面の飼育場でした。この金魚独特の皿状の鉢が、無数に並んでいます。この鉢でないとうまく育たないそうなのです。

そこに当歳魚から10歳くらいまで、金魚が飼育されています。ものすごい数です。「これ全て管理されているのですか?」と聞くと、「そうじゃ」と一言。なんという情熱なのだろう! 聞けば「孵化してしばらくは生きたミジンコを与えるから、毎朝4時に起きて近くの田んぼでバケツ数杯のミジンコを獲ってきて与える」「毎日少しだけ水を交換する」

「交換用の水は水道水を数日は太陽にあてて作る」「数万の卵から数匹だけがよい金魚になる」。なんと大変なんだ。

この土佐錦魚は、一度絶滅したとされたそうです。太平洋戦争の時に高知市内も空襲に遭い、当時は高知県の中で、しかも市内でのみ飼育されてきたため全て戦禍に巻き込まれてしまいました。ところが終戦後、山中のお寺で数匹のみ飼育されていたのを野中さんのお父さんが発見されて、そこから現在の土佐錦魚たちが復活し、今では日本国内に広まっているそうなのです。

あの尾ビレが反転する独特の遺伝子は、現時点ではこの土佐錦魚にしか発見されていないそうなのです。そんな話を聞いて緊張していると、「気軽に飼えばええわい」と笑って数匹をビニール袋に入れてくださいました。帰りの飛行機はもうそんな話を聞いた後だったので、金魚用の座席も確保して土佐錦魚と並んで大阪に帰りました。

野中さんは数万の金魚を管理できる繊細な神経を持ちながら、土佐の豪快な気質もお持ちで、土佐清水市からジンベエザメを輸送する時に「ニュースで聞いたぞ」と、軽トラに一斗樽の日本酒をくくりつけて登場されて、「祝いじゃ」と港で朝まで飲むという方でした。

また、大阪まで大きな土佐錦魚用の鉢を背中に背負ってこられて、「下村よ、おまんも土佐錦魚を飼ってみんさい」と金魚ごといただいたこともあります。当時、野中さんの土佐錦魚は数万円の価値があったので、「いやこんな高価なのは……」とオロオロしていると、「飼ってその楽しさと難しさを自分ごとにせんと、お客様に何を見てもらうのだ？　仕事で飼うのも大事だが、自分の枕元に置いて一緒に暮らしてこそわかることもあるぜよ」と、極めて大事な言葉をもらいました。

干支の生物など、定番の季節もん展示

干支の生物などは、全国の水族館のどこかで、毎年、必ず開催されている季節もんです。十二支で一周回った時は、「ああ、もう12年たったのね。年いったなあ」と、感慨深くなる展示なのです。ここでは備忘録的に羅列します。必ずどこかで開催されますので、ある意味ネタバレです。

子⇓ネズミ（ネズミギス、ネズミゴチ）
丑⇓ウシ（ウシノシタの仲間、ウシモツゴ）
寅⇓トラ（トラウツボ、トラザメ）

卯⇓ウサギ（ウミウサギ、ウサギアイナメ）
辰⇓タツ（タツノオトシゴ）
巳⇓ヘビ（ウミヘビの仲間、ヘビクビガメの仲間）
午⇓ウマ（ウマズラハギ、タツノオトシゴの仲間＝英語でシーホース）
未⇓ヒツジ（シープヘッドの仲間＝コブダイ）
申⇓サル（リスザルとかシーモンキーとか）
酉⇓ニワトリもしくはトリ（イサキ）
戌⇓イヌ（イヌザメ、チンアナゴ）
亥⇓イノシシ（イノシシギギ、イサキの幼魚）

他にも「ハロウィン」「クリスマス」「節分」と様々な季節の展示がありますね。そういえば昔のクリスマスに、サンタクロースの衣装を着てペンギンたちの餌を持っていった時に、ペンギンたちが全て水中に逃げて陸上にサンタ姿の私一人となって、お客様から失笑を思いっきり浴びたことがありました。

映画とタイアップの企画展示もありました。『ケ○○軍曹』では、似たようなカエルたちを集めました。なかなか無茶な話ですな。『ゴジ○』では怪獣のモデルになった生物たちです。『崖の上の某』では、そのキャラクターさんが水槽の中を泳いで現れるとかもあったり。これらは普通に楽しいのですが、魚たちが「なんだ、なんだ」「食べられるのかな?」と寄ってきますので、「噛むなよ……」と内心ハラハラしておりました。

アメリカで日本の魚っていえばニシキゴイ

こうした特別展示の関係で、アメリカの水族館を訪問する機会がありました。なかでも海遊館と同じケンブリッジセブンが設計したテネシー水族館は、開業の際に日本から展示生物を輸送したり、とてもよい関係を結んでいました。

生物交換の話をすべく現地に向かった際、アメリカ国内線を乗り継いでチャタヌーガ空港に到着すると、すでにテネシー水族館の方が迎えに来てくださっていたのですが荷物が届きません。海外ではよくある「荷物は他の空港に行ったからまた取りにおいで」でした。

それはさておき、早速テネシー水族館を見学させてもらいました。アメリカの淡水域をメインにしており、私のような淡水好きには、まさにワンダーランドでした。日本からお送りした魚たちは、「日本の川~四万十川」のコーナーに展示されていました。アカメとかをお送りしたのですが、ニシキゴイが多数一緒に泳いでいました。ザ・ジャパン イズ ニシキゴイなんですねぇ。

飼育スタッフのご自宅に招待されて、歓迎会のバーベキューパーティとなりました。なんせ広大な土地に小さな家なので、庭は広くて多数のカメが飼育されていました。日本ではまず見られない種類も多数いて、カメ好きの私はもうそれだけでウットリでした。

特にアメリカ原産の種類ですが、輸出は原則禁止になっています。ミューレンバーグイシガメを見た時、そして持たせてもらった時には、「おおおおお」と自然に唸っていました。家の中でも多数の爬虫類が飼育されており、当時の日本ではまず見られなかった種類が、ズラリと鎮座しておりました。すなわち、ワシントン条約で輸出までは許可されていない種類なのです。しばし眼福の時間でした。

しばらくすると、近所からたくさんの方々が集まってこられました。どうも日本人が珍しいのと、そのころアメリカは忍者ブームだったようです。子どもたちに囲まれて、「日本人なの？」「そうですよ」「煙を出して消えてみて」「無理です」「後ろ向きで家の屋根上までぴょーんと飛んで」「できないです」「なんでチョンマゲしてないのだ」「なぜ下駄ではないのだ」「お前は本当に日本人か？」となりまして、困ったあげくにやったのが幸若（こうわか）

舞(まい)と空手の型。拍手喝采で「お前は日本人だ。間違いないね」と信用してくれました。宿に帰りテレビをつけると、『ポケモン』をやっていました。すごいですね、日本のアニメって。主人公の少年の声が中年のおじさんで違和感があったのと、題名が英語だと「ポッキムオーン」という感じの発音でした。

そんなこんなで生物交換の話が無事に終わって、モントレー水族館へ向かいました。

モントレー水族館に飼育のレクチャーするの？

モントレー水族館は、とても有名な水族館です。この水族館がマンボウの飼育に挑戦することになり、私は飼育のレクチャーを依頼されていました。天下のモントレー水族館様に私ごときがとオロオロして向かったものです。

でも、「まあ何でも聞いてくだされ」と、私。「こちらへどうぞ、マンボウ用のバックヤードです」と案内されたのは、私たちの展示水槽の数倍の大きさをもつプールでした……。「餌ですが、これとこれで、ビタミンはこれこれで……」「……」「いかがですか？　ミスター」「よろしいのではないですか」という感じの会話があったわけですが、いやもう帰りたいと思いました。さすがでした。ほぼ完璧な投資とそれに見合う探求心と人材投下。さすが世界でもトップレベルの水族館でした。

展示も期待どおりというか、その重厚さに圧倒されました。今では当たり前のクラゲコーナーを、特別展示という形で実施していました。初めてじっくりと各種クラゲを観察したのですが、こんなにきれいで神秘的だったとは……。驚愕し息を飲む展示でした。

最後のほうには、クラゲ展のためだけに実施されていたオリジナルクラゲグッズの販売コーナー。もうどれもかっこよくてですね、ため息しか出ませんでした。モントレー水族館といえばラッコやジャイアントケルプの展示が有名ですが、水族館の周りはジャイアントケルプが生い茂り、ラッコも普通にそこらにプカプカ浮いています。それをお金を払ってまた見るという感じでしたが、全く違和感がないのです。素晴らしい施設でした。

自然の雄大さに圧倒された カナダ・バンクーバー水族館

カナダのバンクーバー水族館には、北極遠征の時に随分とお世話になりました。ここには当時、日本人スタッフの大山さん（現在は新江の島水族館所属）がおられまして、本当に助かりました。帰国の際、北極からバンクーバー空港、そして日本への経路だったのですが、どうも日本で台風が発生して飛行機が出ないとのことで、一晩（というか1日）大山さんの家に転がり込んで助けてもらいました。

バンクーバー水族館は、玄関から入り口までが自然の樹木をできるだけ残した遊歩道になっていて、木々の間を曲がりくねりながら進むのですが、それだけでひどく感動したものです。展示されていた魚たちも、とても興味深い地元の種類でした。

水族館と対岸のバンクーバー島との間にシャチが見られるということで、いそいそと有料の見学ツアー（いわゆるホエールウォッチングですね）に行ったのですが、周りを見渡すとアザラシの仲間がのんびりと浮いています。これは絶対シャチは出ないなあ、と思っていたら、目の前にナガスクジラが現れました。その巨大さ。悠々としたオーラにひたすら感動して、もうシャチとかどうでもいいや、となりました。いやー、生命ってデカいだけでも十分に感動するものなのですね！

と、このように、海遊館時代には計画～立ち上げというのが主な仕事でした。とにかくあんなすごい施設に最初から関われたのは幸運でした。今でも、当時、関係した方々には深く感謝しています。

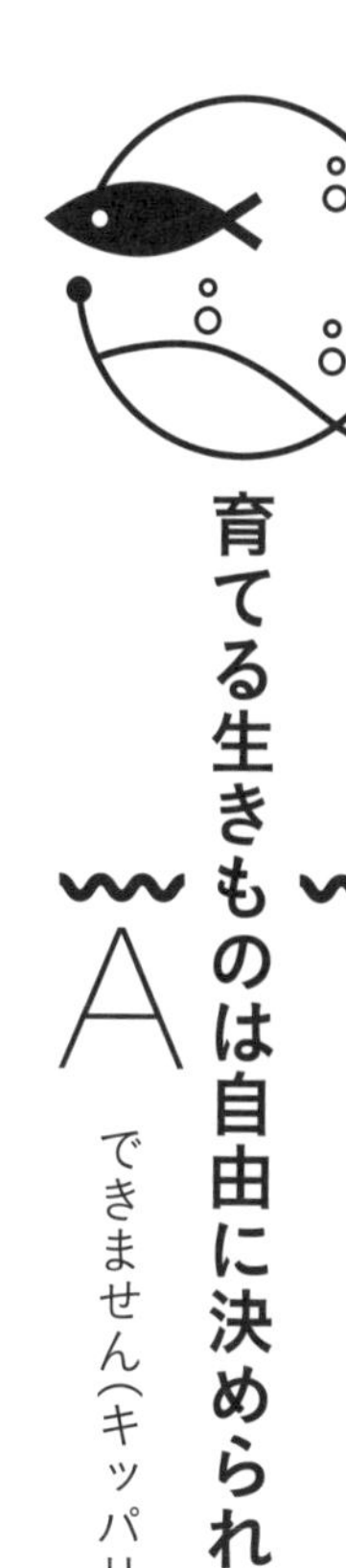

育てる生きものは自由に決められる？

できません（キッパリ）

これは飼育係では決められません。主任は？　まだまだ。係長は？　NO。課長では？もう少し。飼育部長では？　おしい。では館長ではどうだ？　できません。役員では？残念ながら。社長では？　うーむ……できま……せん。

では誰が決めているのでしょう？　答えはマーケットです。皆さんが「見たい」、もしくは皆さんに「伝えたい」というテーマがあり、社内で検討して決定します。この伝えたいテーマにそって飼育展示する生きものの種類、数等を導き出していくのです。

経験ですが私が好きで「これいいですよね」と思って会社に説明して了解を得た展示生物は、まず一般的には評判が悪いです。当然、生きものたちには何も罪はありません。悪いのは私です。展示するにしても打ち出し方一つで全く違う反応になるのです。これが本当に難しく最高にワクワクする話なのです。

小さい魚が食べられたりしないの？

普通に食べられます

何も考えずに雑に導入すると「あっ」という間に捕食されてしまいます。うまくバランスが取れると、大型魚の周りに小型の魚たちが群れを形成する「自然ぽい」光景を見せてくれます。で、うまくいった水槽を見てウットリしている飼育係をご覧いただけます。

ポイントを大雑把にまとめると、

・大型と小型は水槽を分けるのが通常。
・混合展示の場合は、小型の魚を先に入れて優先権を与えている。
・その後に大型の魚を少しずつ入れる。
・小型の魚が隠れられる、または逃げられるようにする。
・大型の魚たちに適正に餌を与えて極力空腹を避ける（でも肥満しないように）。

というのが基本です。

3章

京都水族館へ転職——オオサンショウウオとの出会い

「水と共につながる、いのち。」がコンセプトの水族館

２０１０年にオリックス不動産から「京都に水族館を開業するから来ない？」というお誘いがありました。悩みましたが、京都は好きな土地だったので（新選組オタクでもあったので）お世話になることにしました。以前から「京都に新しい水族館ができる」というのは知っていました。まさか自分が関わるとは思ってもいなかったのですが、人生何があるかわからないものですね。

入社してすぐどんなコンセプトの水族館なのかを聞かせていただきました。それは「山紫水明――水と共につながる、いのち。」でした。ほう、かっこいいなあと漠然と聞いていますと、ハンドウイルカなど海獣類の展示に関してはほぼ決まっていました。細部はさておき、魚類も決定していまして、あとは「集める」「運ぶ」「飼育する」だなあと楽観視していました。しかしそれが甘かった。なにしろ千年の都です。地元の方々の賛同がないと、水族館は開業できないというのです。

当然、様々な意見があります。それだけ地元に関して思い入れがあるのでしょうから、キチンと話を聞いて意見交換をしようと思っていました。水族館としてよりよい施設となるよう「専門家委員会」という会を立ち上げることとなりました。専門家委員会の意見を社内で検討し、「コンセプトからして入り口は海でなく川なんじゃないか」という話になりました。「海のない町に海からのものって……砂漠のない町に砂漠作るんでっか」ということだそうで、いろいろな考え方があるんだなあ、と感心しました。

当初計画では、京都水族館に入館して最初に目に入るのは大型アジの仲間たち。その水槽の奥はイルカプールなので、円形窓が開いております。アクリルガラスで仕切っていますが、お客さんから見ると「大型アジ」「その向こうに円形窓」「その窓をイルカさんが覗きに来ています」というウエルカム水槽だったのです。そして、その奥はサンゴの海がテーマの、半野外大型水槽の予定でした。

そうです。いきなりダメ出しだったのです。もう館内の基本設計は終了していました。さて、どうしたものか。

私は模型店に行って紙粘土とジオラマで使用するミニチュアの植物を購入し、「京都と源流～太平洋側・鴨川」と「京都の大きな河川～日本海側・由良川」を模した展示イメージの模型を作製して会議に持ち込みました。基本設計と全く違う展示イメージに、会社の上層部は激怒していたのかもしれませんが、会議に手作り模型を持ち込んだので「面白いな。で、何展示するの?」と笑いが起こりました。それに対し私は、「京都は日本の淡水生物のヘソにあたる場所です（受け売り）。なので、淡水生物をしっかり展示したい。オオサンショウウオです」と答えました。

当時からオオサンショウウオの交雑問題が学者さんからは発信されていましたが、なかなか世間では浸透しないので、それをしっかり啓発したいとしました。会社経営側の皆さんにそれらをプレゼンすると、「オオサンショウウオってなあ（気持ち悪いぞ）」「気持ち悪いなあ（ストレートに）」「よその水族館で見たことあるが、全然動かないぞ（面白くないぞ）」と、概ね予想どおりの反応でした。

でも会社からGOサインが出ましたので、早急に建設会社の本社（東京・新宿です）へ出向きまして、ほぼできていた基本設計をひっくり返して、「淡水の配管をひいてください」「オオサンショウウオ飼育するからアクリルを半分ほど切ってください」「擬岩作製をゼロからやり直します」「サンゴは滝の水槽に変更します」と告げると、建設会社の上層部の方々が血相変えてやってこられて、「できるわけないでしょ!」とすごい勢いで怒られました。そりゃ怒るよね。とりあえず話はしたので、また来週会議を行いますとして帰りました。

実は私、生まれて初めて新宿に行ったので何かうれしくて、用もないのに友人多数に「よう。元気？　今、俺さあ新宿にいるんだけどさあ、なんとなくどうしてるのかなあーとか思ってさあー。うん。今、俺は新宿やねん」と電話しまくりました。そんな話はさておき、展示スペースは何とかギリギリ変更できることとなりました。言ってみれば何とかなるもんですね。

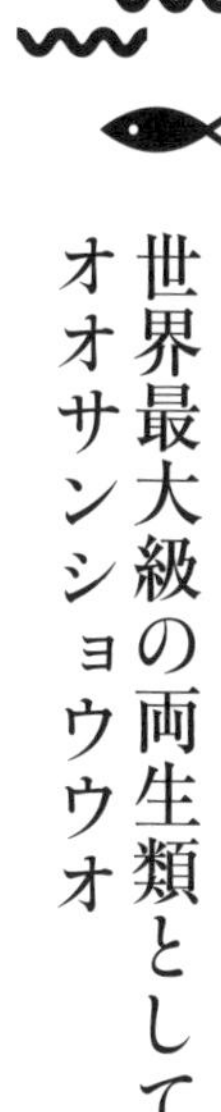

世界最大級の両生類として名高いオオサンショウウオ

オオサンショウウオは、日本と中国、小型の近縁種が北米に生息していますが、どれも生息数が減少しています。日本のオオサンショウウオは、おもに関西の限られた地域の上流部で見られます。昔は山間部の貴重なタンパク源として食されていました。芸術家であり、美食家としても知られる北大路魯山人さんも「変わった美味」として食したと記されています。現在は全て国の特別天然記念物として保護されています。

ここまで数が減少してしまった要因の一つには、戦後に中国から高級食材としてチュウゴクオオサンショウウオが多数輸入されたことがあります。その中の個体が逃げたり放されたりして、もともといた国産と交じったり追い出したりして純粋なオオサンショウウオが激減してしまったのです。

この2種ですが、見た目はほとんど変わりません。少しチュウゴクオオサンショウウオがアヒル顔なのと、模様のパターン、体表の模様、イボのつき方などに違いがありますが、よほど特徴がないと同じに見えます。そこで京都大学が中心になり「鴨川の個体を捕獲し、DNA鑑定をして国産だけを川に戻す」というプロジェクトを開始しました。京都水族館は、捕獲の手伝い、捕獲した個体の一時預かり、その交雑問題を一般人へ発信するという啓発活動を行いました。私も数度、同行させてもらいましたが、その時は夜間に上流部で巣穴（繁殖は川辺などの穴の中です）から出てきた全長5センチくらいの交雑個体の幼生を多数採集しました。

昼間にある程度の下見をしていた際に、地元の老夫婦から「何を探しているの？」と聞かれたので「オオサンショウウオです」と答えると「ああ、あれは天然記念物だから守らなアカンよね」「でもハンザキは食べても大丈夫なんだよ」と言われました。オオサンショウウオは、別名ハンザキといいます。「半分に切っても死なない」という意味です。オオサンショウウオとチュウゴクオオサンショウウオの見分け方を聞くのを失念していました。地元の人なら何か見分け方を知っていたかもしれません。というか、地元の人からすると本当に身近な存在だったのですね。「釣りをしていたら釣れた」「田の用水路にいるから何とかしてくれ」「道歩いてるけど」など、本当によく連絡を受けていました。観光で有名な京都の鴨川の四条大橋や三条大橋、下流だと五条大橋の下にも、彼らは普通に生息しています。下鴨神社やその上にあるゴルフ場の水路にもいました。大雨の後は、ほぼ毎年陸上を歩く姿がニュースになります。そんな意外なほど身近な存在の中身が、知らぬ間に入れ替わっているという、何やらホラー映画のような話なのです。

このオオサンショウウオとチュウゴクオオサンショウウオですが、確かに両種は似ています。しかし性格が全く違います。日本産は比較的大人しく、保定しても「やめてくださあい」という感じでウネウネと身をよじっているだけです。しかし、チュウゴクオオサンショウウオは跳ね上がって反転し、大きな口を開けて噛みつきにきます。小さい歯がびっしりと生えていますし、噛まれると大ケガを負ってしまいます。

また、国産は高温に弱く、おもに上流の水温が低い場所に生息していますが、チュウゴクオオサンショウウオは高温にも強く、その生息域を下流まで広げているのです。これはどういうことかといいますと、鴨川は淀川に流れ込んでいます。淀川は大阪の他の河川にもつながっていますから、そこへ侵入するということなのです。交雑個体はほぼチュウゴクオオサンショウウオの性質や体質を引き継いでいきますので、これは大変なことです。

オオサンショウウオは場所によっては意外なほど身近な存在だったりします。某所の方に聞いた水族館でのお話ですが、「（オオサンショウウオを指さして）これって珍しいの？」「はい。国の特別天然記念物です」「ふーん。私の住んでいる○○ではよく見るよ」「夏は夕涼みで私ら（お父さん連中）が土手で缶ビール飲んでいると、肴のチクワをねだりに集まってくるよ。いつもこいつら用に余分に持っていくのよ」「??」「ちぎって川に入れると周りからわらわら集まってくるよ」「少しずつあげているけど。もう何十年もそんな感じだけどなあ。本当に珍しいのこれ？」と言われました。硬い話をすると「野生生物に餌を与えないでください」なのですが、まあこのような人との関係もよいのではないかなあと感じています。

最初は大型のアジ用水槽だったのを大改造し、オオサンショウウオを数十匹何とか収容できるように工夫したのが「京の川」の水槽です。これが1～2匹だったら、恐らく話題にならなかったと思います。多数収容することで話題になり、啓発活動と営業活動にも貢献できたのだと思っています。今でも京都大学さんと京都水族館は引き続き交雑問題に取り組んでおられます。本当に大変だとは思います。途中で抜けた私がいうのもなんですがこれからも引き続きどうかよろしくお願いします。

これまた余談ですが、「人魚」の正体は、巷では海棲哺乳類のジュゴンとされています。これは西洋の「マーメイド」の話です。ここでいう「人魚」は漢字表記なので、中国を発祥とし、そこで初めて人魚と記載されているのがなんと、チュウゴクオオサンショウウオなのです。

これは秦の始皇帝のお墓について、「銀で満たした（水銀ですね）プールの中央に皇帝の棺を置いて、その周りを人魚の脂で24時間火を灯していた」という話があるそうです。そして、その人魚を「わーわーゆい」と呼ぶともされています。この「わーわーゆい」こそチュウゴクオオサンショウウオで、「人間の赤ちゃんみたいに鳴く魚」という意味なんだそうです。これは個人的発想ですが、人魚とマーメイドは別の生物だと思っています。

ということでして、子どもたちを集めて開催した「オオサンショウウオと音楽の夜」というイベントで「みんな大好きな人魚のアリ◯ルのモデルだよー」とオオサンショウウオを紹介しましたら保護者の方々にすごく嫌な顔をされました。ごめんなさい。とにかく「この京都の町にはオオサンショウウオという世界的に珍しい生物がいます」「それが今や中国産と交雑して絶滅の危機なんです」ということを世間に知ってもらいたかったのです。

京都水族館が開業して間もないころ、京都市内で子どもたちの絵の展示会がありました。たしか「夏休みの思い出の生物」みたいなお題だったような記憶があります。そこには水族館であろう思い出の絵も飾られていました。描かれている生物はジンベエザメ、イルカなどでした。「うーむ」と無言で鑑賞して会場を後にしました。ところがその翌年です。3枚だけ……いや、されど3枚。オオサンショウウオの絵がありました。この時は声を出して「おおやったぞ！」と呟きましたよ。少しだけですが想いが届いたのでうれしかったです。まあ相変わらずジンベエザメがキングでしたけどね。

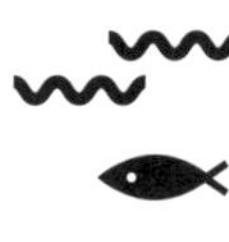

京の里山を再現した棚田が水族館内に現る

オオサンショウウオの水槽だけでなく、様々な展示で「水と共につながる、いのち。」を具現化しようと試みました。日本人と水との、切っても切れない関係とは？　「米だ！水田だ！」と思いつきました。よって出口のコーナーですが最初は芝生のお弁当広場でしたが田んぼにすることにしました。

会議で「出口の一画を田んぼにしたいです」と発言すると「オオサンショウウオの次は田んぼって……」と経営陣は頭を抱えておられたかもしれません。この場をお借りして謝罪します。実際に開業して数年後「オオサンショウウオとか言い出した時、実は怒り狂っていたんだよ」とにこやかに怒られました。

さて田んぼ。これを作るのは、またすごくハードルが高い話でした。「田の土でないとうまく稲は成長しないよ」という話になり、「では田んぼの土を」となりましたが、大量の土を他所から移動するのは土壌汚染になるため禁止されていました。

考えた末に、京都市内周辺で「もういらないよ」「持っていきなさい」と言ってくださる田んぼを探すということになりました。何とか奇跡的に協力者が見つかりまして、田んぼの土については解決しました。

いわゆる「棚田」を作ることになり、植物学者で専門家委員会の会長たる森本幸裕先生に「田んぼ、棚田について何か一言」とヒントをもらいに行きました。すると先生から「棚田はね、タイムカプセルなんだよ」という思いもよらぬお言葉をいただきました。棚田は古代の方々が山崩れの後を利用して開拓したものが多く、その土は当時のままなのだそう。山は植林とかで原形を残していないのに、です。最近では滋賀県で山一つ越したただけで田んぼの微生物が全く違うことがわかりました。そして肝要なのは田んぼに最初に発生するイトミミズであり、それの排泄物で形成される泥の表面に見える「トロトロ層（本当にそういう名称です）」だと。聞き入っていると「田んぼは小宇宙なんやで」と言われました。すごいぞ田んぼ！

そして2012年3月14日に京都水族館は開業したのですが、開業してしばらくしたある日、「京の里山」エリア（田んぼのところ）にいました。まだ3月なので田植えはしていませんし、田には水も入っていません。そこで一人のご婦人に「ここなんどすか？」と質問されたので、「田んぼなんです。6月には田植えします」と答えると、「田んぼどすかあ。ほな私ら、田植えまで土見とったらええんどすなあ」という言葉が返ってきました。

なるほど。これはいかん、となり、稲のない時期は京野菜を植えることにしました。いわゆる「壬生菜（みぶな）」「九条ネギ」「聖護院大根（しょうごいんだいこん）」などです。その後、冬季にはイルミネーションが施されて、ライトアップされている九条ネギが見られるようになりました（現在はやっていないそうです）。

さて、田んぼですから用水路やため池もしっかり整備し、水草もこだわりました。ここは私が中学生の時からお世話になっていた京都のヤマザキ水草園の山崎美津夫先生にご指導いただきました。山崎先生は今や有名な水草を用いたレイアウト水槽の日本における第一人者です。海遊館の時も「世界の水草展」でお世話になりました。

まずは水張りです。しばらくすると無数のミジンコの仲間が出現しました。これをコップに入れて子どもたちに見せると大歓声が上がります。保護者の方も大喜びです。「生まれて初めてミジンコを見た」という反応です。ミジンコという言葉は誰もが一度は耳にしているようですが、「生きたミジンコ」を見るという機会はそんなにないのですね。その当時は、一時的とはいえ水族館の一番人気は「ミジンコ」でした。そこで一番多かった声は「ミジンコって小さいのね」という声で、実物を見て発見があるという意味ではイルカにも勝ったぜ。

そして、田植えもしました。稲も実った、稲刈りだ、収穫だ、脱穀だとなった時にまたしても田んぼの奥深さに愕然としました。稲穂はあるのですが、中は空っぽなのです。昔なら年貢が払えないという事態です。山崎先生や農家の方に聞くと「土がやせているな」「肥料が足りない。肥料は鶏糞が一番よ」という答えが返ってきました。私は負けました。

30 数種の冷凍魚をかじって、餌を品定め

生物たちの餌となる各種魚を仕入れるのも大変でした。近くの市場の数十のお店から「さあ品定めして決めてや」といわんばかりに用意された、冷凍のアジ・サバ・イカ・キュウリウオなど約30数種……。なんとなく、試されたのは私なのだろうなあと思いつつ全ての冷凍魚をそのままかじって「味見」をしました。醤油もワサビもありません。冷凍魚まんまです。私には普通のことなのですが（量が多いからつらかったですが）、周りの方々は「うわあ…あいつ生冷凍サバとか食べだした」とすごく引かれていました。同行していた事務の女性社員さんも「何てことを……」とドン引きしていたそうです。でも一口一口かじって「鮮度」「冷凍の具合」などをチェックしていました。「ついに大学で学んだ食品栄養学が役立つ時が来たぜ！」とそれなりに気合をいれてかじっていました。しばらく刺身はいらないなあと思いながらですけど。

そんなこんなで開業ですが、当日は疲労もあって、持病の痛風の発作がピークでして、足が痛くて長靴も履けず、事務所の床に転がっていました。そこに広報が「取材です。なんか話しなさい」と言ってきます。「やだ。足痛いし靴履けないし」と言うと、両脇から抱えるように押さえつけられて無理やり長靴を履かされました。激痛で絶叫していると、そのまま台車に乗せられて取材陣が待っている場所まで運ばれました。そして再び両脇を抱えて立たされ、「さあ話しな」「ちゃんと語るんだよ」と言うのです。半泣きで「京都水族館ですう。よろしくお願いしますう」という話を何回かして無事に開業したのでした。

ドキドキ！ ハラハラ！ 神社仏閣での観察会

多くの水族館では地元の自然を紹介しつつ、観察会が実施されることもあります。さて、ここは京都。なにしろ千年の都です。駅から1時間も車で移動すれば豊かな自然も観察できますし、街には交雑種とはいえオオサンショウウオが生息できる鴨川があります。単なる観察会では面白くない、どうしようと考えて、「そうだ神社仏閣に行こう」ということになりました。そこには池があります。人工的に造られたとはいえ、何か往時の痕跡が生物学的に見つかるかも？ という思いからです。

例えば元離宮二条城。あの徳川慶喜公が大政奉還を宣言されたあの二条城です。その堀には一体何が生息しているのでしょうか？　気になったので、筋を通して投網採集の許可をいただきました。「え、本当にいいの⁉」と恐る恐る出向きました。先方の方曰く「二条城の歴史上初めてです」ということで、本気で緊張しました。そこではニシキゴイはさておき、「ウキゴリ」というハゼが多数確認できました。

　これは実に興味深い話でして、近くの鴨川にも桂川にも（下流はさておき）ウキゴリは生息していないのです。ではどこから？　建設当時に流入したのが子孫を残して代々生き残ったのでしょうか？　本当にロマンがある話でした。投網をする時は周りに多数おられた外国人観光客さんが「オー！　ジャパニーズフィッシャーマーン！」と、たくさん写真を撮影されていました。こうやって間違えた日本の文化が広まるのでしょうねえ……ごめんなさい。

　また、京都でも屈指の歴史を誇る東寺には、瓢箪池（ひょうたんいけ）、いわゆる放生池（ほうじょうち）があります。これは生きたカメなどの腹に願いを記入し池に放すと願いが叶うとされ、多くは病の完治をお願いしていたそうです。ここには、京都市指定の天然記念物（２０１４年に解除）で採集などは禁止されているミナミイシガメが見られます。このカメは歴史がややこしく、古くは「八重山諸島、鹿児島県の悪石島、京都周辺に生息」という変な分布でしたが、近年になり「八重山諸島の個体群はヤエヤマイシガメという新種」となり、「京都周辺の個体群は大陸から持ち込まれた外来種」ということになりました。私も子どものころ、高槻の芥川で2回捕獲した記憶があります。京都周辺では割と昔から知られていたようでシロイシガメとか呼ばれていました。このカメさん、いつどなたが京都まで運んだのかなあ？　これも興味深い話ではあります。

この東寺さんにご挨拶をさせていただいた時に「信長さんがー（織田信長です）」「武蔵さんがー（宮本武蔵さんです）」「西郷さんがー（西郷隆盛さんです）」と歴史上であまりにも有名な方々の名前が次から次へと出てきまして、その全員が東寺さんを訪れられたということで、改めて歴史の厚みに圧倒されました。特に「あの塔の上で西郷さんが伏見のほうの戦況（鳥羽伏見の戦いですね）をずーっと見てはりましてなあ」とか聞かされた時は、幕末オタクの私は感動、また感動でした。

幕末ネタですと、壬生寺(みぶでら)です。新選組です。古書などにも「隊士がかいぼりして取れた魚を食べていた」という記述があります。「どんな魚だったのだろうか？」なんて想像していると、壬生寺の方から「司馬遼太郎さんも見てない資料があってですね、そこには近藤さんやら土方さんやらがここらでかいぼりして、スッポンを捕まえたそうですわ」「それを食べてはったそうです」という新選組＋爬虫類＋日本産淡水魚という夢の共演が飛び出して、私はもうたまりませんでした。

そして下鴨神社。この境内には、身を清める神事に使われる小川が流れています。そこをなんとなく下見に行ったのです。するとですね、オイカワはもちろん、ムギツクやカマツカ、各種ドジョウやハゼの仲間など実に豊かな魚たちが多数群れで泳いでいるのです。オオサンショウウオもいました（たぶん交雑個体）。

すごいなと感動していると、観察会に参加していた子どもが「ヘビ捕まえたー」と網に入れて持ってきました。どれどれと見るとなんと、ニホンマムシです。あの毒ヘビですね。慌てましたが、実はマムシは自然が豊かに残っていないと生き残れないヘビなのです。すなわち、街中に良好な自然が残っているという証拠なのです。

そして最後は平安神宮です。ここの池には、野生ではほとんど姿を消したイチモンジタナゴが生息しているのです。この池の水を琵琶湖疎水から引いてきました際に、琵琶湖から流れてきたようです。この魚は琵琶湖淀川水系にしか生息していませんでしたが、もう琵琶湖では姿を見ることはできません。しかし平安神宮で奇跡的に生き残っていました。琵琶湖疎水の浅い水路は、彼らを捕食するブラックバスが入れなかったのでしょう。

私もイチモンジタナゴは学生の時に滋賀県の余呉（よご）湖で観察して、その繊細な体色に感嘆したものです。それから数十年して平安神宮での再会に素直に感動しました。そして反対にもう琵琶湖にはいないのだという絶望感もありました。他にも名だたる神社仏閣にもご協力を得て毎回「ほんまに実施してええんかな？　無礼のないようにしなくては」とドキドキハラハラしながらの観察会でした。

もう会えないのかな？　絶滅種の「ミナミトミヨ」

１９６０年代に絶滅したとされる淡水魚ミナミトミヨの最後の生息地が京都です。しかも水族館の近くでした。湧き水が出るセリ田に生息していたそうです。

もしかしたらまだ目撃者や採集した経験者がご存命なのではと思い、「もう会えないのかな？」というコピーとともにチラシを作成して情報提供を呼びかけてみました。すると多数のお話が集まったのです。これは本当にすごいことです。「子どもの時はよく釣った」「某大企業の社長部屋で飼育していた」「数が減ったから東寺や清水寺の池にも放流した」「本に挟んで乾燥標本にしていたが今見たら粉々でした」などなど、興味深いエピソードがたくさん。「あの背ビレがトゲトゲの魚ならまだ飼育しているから写真持っていくわ」という腰が抜ける話もありましたが、それはブルーギルでした（笑）。

なぜ、絶滅したのかですが、湧き水が工事などの関係で出なくなったためです。通年低めの水温で安定している湧き水が止まると、この小魚は生きていけません。あとは農薬です。実際に「私の田んぼ（セリ田）に多数いました。ある年に今まで使用していなかった農薬を使用しました。するとあっという間に姿を消しました」という話も聞きました。

これは他の話ではありますが「ある種の昆虫にだけ特化した農薬を使用したら確かに効き目はあるが、年々トンボやカエルなども姿を消してしまった。一つの生物を消すと結局全て消えた」という怖い話があります。どこかで生物たちはつながっているということです。ある種の限定した生物だけを消すと、その生物を餌にしている生物も一緒に消えてしまうのですね。

京の川と淡水魚と食文化

どうしても地味な印象になる淡水魚たちを、どうしたら興味深く見てもらえるか？　これは全国の水族館が持つ共通の悩みでもあります。興味を引く見せ方として、多くは食文化として紹介する方法があります。京都はどうか？　と調べると、さすがの古都です。たくさんありました。

でも実際に体験できたのは、これも専門家委員会の京都大学の竹門康弘先生からご紹介を受けました、「喜幸」さんというカウンターだけのお店です。そこの女将さんがみずから鴨川で捕獲されたオイカワの素焼き、から揚げ、塩焼き。これが素晴らしく美味なのです。このオイカワは京都では冬季が美味で「寒バエ」と呼ばれて有名ではありますが、ここまで美味とは……。川魚の臭みは全くありません。感動しながら女将さんに聞くと「桂川だと少し骨も皮も硬いです。やはり鴨川ですね」とおっしゃるのです。その微妙な差は私ごときにはわからないのだろうなあ、と思いつつ。

次なる一品が「鷺しらず」です。これは鉄道唱歌で京都を紹介する時に歌われています「扇おしろい京都紅　また賀茂川の鷺しらず～」の鷺しらず。これなんですが、冬季にオイカワの稚魚が集まっています。全長1センチくらいです。「サギも食べないくらいに小さい＝鷺しらず」という語源だそうです。

醤油とお酒をたっぷり入れて（オイカワの量にもよりますがお鍋一杯に醤油1升、酒2

升は使うそうです。酒は伏見の蔵出し純米です）、コトコトと水は一切使わないで数日煮詰めると完成です。滅多に出回りませんがお願いすると小さい器に数匹乗って現れます。これがご飯にもお酒にも異常に合うという恐るべき一品なのです。

この鷺しらずをもっと知ってもらおうと、半野外の場所でオイカワを展示して鷺しらずの試食会を開催したことがありました。その時にオイカワの稚魚を水槽に入れていたら、鳥のサギ（コサギでした）がやってきて水槽をつついていました。「サギに知られた」と洒落のようなこともありました。

同じように調理される淡水魚に「ゴリ」があります。ゴリも日本各地でカジカやカワヨシノボリにヌマチチブと種類は変わりますが、ハゼの仲間の総称として使われています。京都ではヨシノボリの仲間でした。これを捕獲する時は藁の束を使い、大勢で川底を廊下の雑巾掃除のようにゴリゴリ押して網に追い込んでいきます。これが無理やり話を通す「ごり押し」の語源なんだそうです。このゴリも小さい身体に、実に滋味を潜めていて、北大路魯山人さんも絶賛されていました。

鷺しらず。

そんな話を交えながらお客様に紹介すると、すごく熱心に聞いてくださいます。やはり食は、人とは切っても切れない関係なのですね。

国内初！ 100％人工海水での生物飼育

京都水族館では「国内初。完全100％人工海水での生物飼育」が掲げられました。一般的に水族館は海の近くに建設され、その横の海から海水をひいて使用します。海遊館の時は大阪湾の水でもよかったのですが、立地的に真横の安治川の影響でどうしても塩分濃度が低いということで、最初はタンカーのバラスト水を、その後は専用タンカーを使用して海水を輸送することになりました。

京都市から海は、かなり遠いです。海から海水を搬入するとなると、気候や災害の関係で安定的な供給ができない可能性がありますし、何より、海水運搬の際に多量の二酸化炭素を排出してしまいます。そこで海外で使用されつつある人工海水を使うことになりました。当時の海外では、岩塩を使用していました。岩塩は、海だった場所が陸地になり、そこに残った塩分なので、それを再度水に溶かせば海水だ、という言い分はわかります。しかし、様々な他の物質も混入されていて、純粋な海水とはいいにくいのでは？　という説も残っています。

海水はいわゆる「塩水＝塩化ナトリウムだけが含まれている水」ではなくカルシウムや亜鉛など数十種類のミネラル分がそれぞれ絶妙な配分で含まれています。それぞれが少しでもおかしくなると、水質に敏感な頭足類（イカ、タコ）やクラゲの仲間は飼育不可能なのです。実際、私も人工海水にはかなり疑念がありました。開業前に使用する人工海水で魚類やクラゲを飼育して何とか「飼えるなあ」と確信して承諾しました。ギリギリまで自信がなかったので水族館の地下にいざという時用の、かなり大きい天然海水貯留槽を造りましたが、恐らく使用することはないと思います。余分な支出でした。ごめんなさい。

この人工海水は人間の目薬を開発する途中でできたそうです。人間の体液は塩分濃度が海水の7割減、後のミネラル分は海水とほぼ同じです。それで「目に染みない目薬」を開発しようとしていてできたのが「人工海水」です。私たちの中には海があるのですよ。

「人工」というと、どうしても「天然」には劣るイメージがついて回るのですが、実情は「荒天時でも汚れていない」「常に安定」「病原菌の侵入を防ぐ」などのメリットも多数あります。何より海から離れた山間部などでも海の生物を観てもらえるというすごいメリットがあるのです。私は今でこそ「人工海水はよいです」と偉そうに語っていますが、当初は極めて深刻に悩んでいました。これでようやく魚集めに集中することができました。

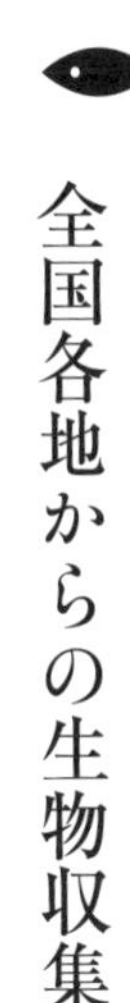

全国各地からの生物収集

では、展示魚類を収集しようということになりまして、ウミガメ協議会会長でもあった亀崎直樹先生にお願いして、高知県室戸地方で協議会を通しての採集としました。そして、長崎県五島列島の福江島にも再度スタッフを派遣しての収集となりました。

どうも「京都には海がない」というイメージがありますが、ここでの京都というのは「京都市内」のことです。実際に京都には素晴らしい豊かな海が存在します。これは後で述べさせてもらいます。ちなみに京都タワーは、海がないから灯台をイメージして造られたものなんだそうです。

さて、収集で五島列島は福江島を訪れましたが、実に数十年振りでした。会社の事務の方も契約関係で同席していただきましたが、久々に会った漁協の方々や漁師さんたちは「よく来た」「さあ飲むよ」と、そのまま宴会です。昔話やらなんやらと、酒と五島の魚で至福の時間でしたが、事務の方が「あの、魚収集の許可を……」と話を振ると「ああ、好きにどうぞ。なんぼでも協力するよ」「あの契約書……」「ああ、置いといてね」で、終わり。本当に感謝です。ここ五島は福江島の玉之浦は本当に人も魚も全てが優しく、自然豊かで素晴らしい場所です。2名の若手スタッフを派遣して多数の魚を収集させてもらいました。スタッフも鍛えられましたし、本当に感謝です。

京の海では生きてお目にかかれるダイオウイカ

先ほど少し話しましたが、京都の海は実はすごいのです。私は専門家委員会のメンバーで、京都大学で魚類心理学を研究されている益田玲爾先生に「京の海って一言で表すと何ですか?」とお尋ねしました。すると先生は、「美味な魚たちがしっかりした群れを形成しているよ」と全く迷わずおっしゃいました。先生曰く「同じ魚種でも太平洋側と違って群れの形成がカチッとかたく、多数ある」というのです。うーむ……なるほどなあ。これを再現するには⁉　と悩みましたが、開業時はどうしても「京の海」に関して勉強不足でして、いわゆる「大水槽」は「日本の海」と、すごくざっくりとした「ＴＨＥ・海」のイメージとなりました。バラエティーに富んだ魚種が見られるということで、開業当時はそれでよかったと思っています。

さて、目指すのは京の海です。宮津栽培漁業センターの町田雅春先生のご協力で京の海といえばこの魚！　という「グジ」を展示できるようになりました。この魚の正式和名はアカアマダイです。その他には、京都の夏の風物詩の「ハモ」、知る人ぞ知る「金樽イワシ」、冬季の「マツバガニ」と、どうしても食文化に結びつくものです。

それ以外ではどうなんだろう？　と開業後に時間を見つけては探していましたが……なんと毎年、ジンベエザメが定置網に入網していたのです。しかもそんなに沖でなく、初老のおじさんが一人で操業されている小さな定置網に毎年かかるのです。おじさんは「もう船より大きいから網から出てもらうのも大変です」とおっしゃっていました。

時期によっては、ごく普通に定置網でダイオウイカが捕獲されています。この巨大なイカがたまに海岸に打ち上げられると「大地震の前触れか」と騒がれますが、京の海では生きて元気な状態で網に入るのです。でも美味ではないのでそのまま放流されています。一度、「是非とも生きたままほしいです」とお願いしましたら、すぐに「朝獲れたから港まで持ってきたよ」との連絡が入りました。急いで向かうと巨大なイカが目に飛び込みます。

ダイオウイカです。すでに息はしていませんでした。しばし茫然。初めて見るダイオウイカにひたすら感動していましたら、後ろから「網に入っていた時からかなり弱っていたが標本にするんなら丁度よいサイズかなあと思って持ってきた」という漁師さん。深く感謝して水族館へ輸送しました。

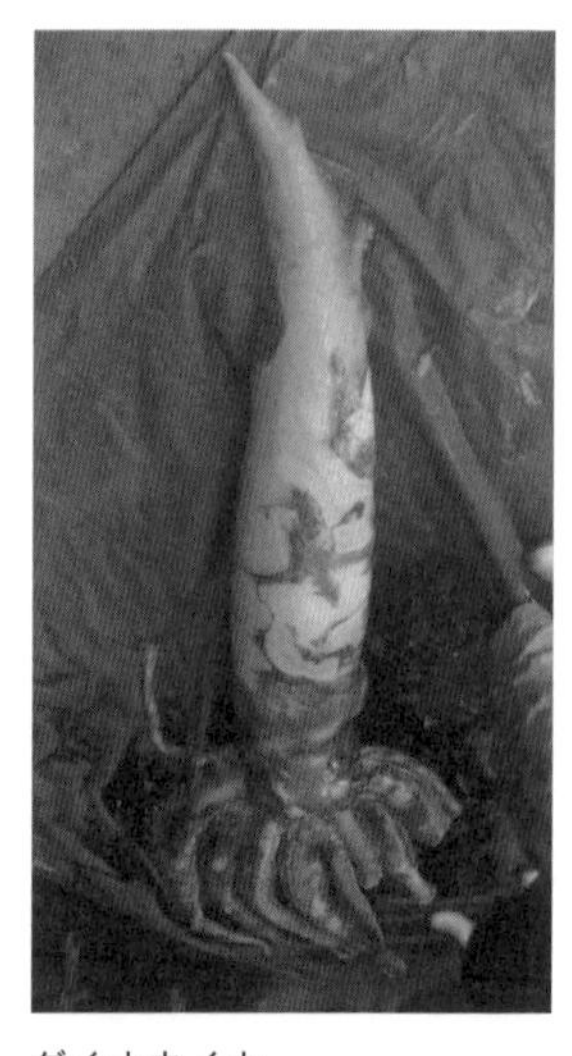
ダイオウイカ

これは是非とも新鮮な状態でたくさんの方々に見てもらいたい。でも、こんな数メートルもある巨大なイカをどうやって⁇　そこで工事現場などでいわゆる足場を設置する際に使用するトラスで箱を作り、その中にブルーシートを張り、氷づけの形で展示を行いました。触りたい方は触ってもいいよ、という感じです。なんとなく鮮魚店みたいですが、実際にそのイメージです。余談ですが少しだけ、どうしても「味」を確認したかったので、周りを見渡し誰もいないことを確認し、脚のつけ根を少しそのままかじりました。すごく硬いゴムのような歯ごたえでした。そしてモグモグというか「モグ」と1回目の咀嚼で口中に広がるものすごいアンモニア臭が、ツーンとキツく鼻を抜けます。そしてその後によくわからない苦みなどが舌にベッタリと残りました。「うん。そういうことか」と納得しました。展示する時に「あーこのダイオウイカ、噛み傷あるよ」と言っているスタッフがいました。ごめん。私です。

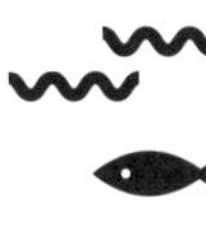

謎に包まれたリュウグウノツカイの公開解剖

リュウグウノツカイという深海魚がいます。これもたまに姿を現すと「巨大地震」と騒がれます。京の海では、これも時期によって普通に定置網に入網します。リュウグウノツカイも食用にされないので、そのまま海に戻されています。これもダイオウイカのように展示を実施したことがありました。その際に専門家委員会の幸島司郎先生から「次世代シ※ーケンサーで公開型の調査をしない？」というご提案をいただきました。胃の内容物を見て、何を食べているかを調べるというのです。かなり消化が進んでいてもDNAで食べたものが何かわかり、先生方による細部調査を公開型で行うという実に興味深い内容でした。

実施当日は多数の観覧者を迎えて、先生方は白衣姿、私は解剖の補助として立ち会いました。そこで実に面白いことが判明しました。なんとこの魚は「自切」するのです。これはトカゲなどが身を守る時に自分で尾を切り、敵の注意が切れた尾に向いている隙に逃げるという、あの自切です。骨や筋肉の仕組みがトカゲなどの尾と全く同じでした。

それで納得したのが、数個体のリュウグウノツカイを観察してきましたが、やたら短いのが多く、体が途中で切れていたことです。「海の中は危険がいっぱいなんだなあ」と思ってはいましたが、それにしても「こんなに食いちぎられている魚も珍しいなあ」とは思っていました。また、漁師さんたちが「こいつはすくうと途中でちぎれるのだ」ともおっしゃっていました。網ですくっている時にちぎれる魚っているかね？　と思っていましたが、自切していたんですね。

完全にきれいに再生するのかはわかっていませんが、実に興味深い発見でした。解剖が進むと、途中で私のゴム手袋が裂けていましたが、気にせずそのまま解剖の手伝いをしていました。これが後の失敗につながるのです。

無事に公開解剖も終わり、後日に消化物のＤＮＡ鑑定が届きました。ワクワクしながら報告書を見るとマダイ、マアジという名前が並びます。これは定置網から揚げる時に口に入ってきた鱗のようです。リュウグウノツカイは数メートルの巨大な魚ですが、口は小さく、歯もありません。プランクトンや、深海で浮遊しているエビなども絶対に食べています。そのエビなどの種類がわかれば、生息する深度の解明につながると思っていたのです。

次のＤＮＡはヒトでした。人間です。うーん、どうもこれは私のＤＮＡでした。人食いではありませんのでご安心ください。というか「お前は雑だ」と怒られました。で、肝心の甲殻類やプランクトンのＤＮＡは複数確認できたのですが、その深海のプランクトンなどのＤＮＡを調べている方がどなたもいらっしゃらず、結局わからないというオチでした。順番を間違えたという話でございました。

※次世代シーケンサー　ＤＮＡの配列を自動的に解読する装置。

ハンドウイルカの飼育

海遊館時代、カマイルカとイロワケイルカの飼育は経験していましたが、改めて近くで見るハンドウイルカは、かなり巨大な生物でした。いわゆるパフォーマンスは海遊館では実施していなかったのですが、京都水族館では実施することになっていました。なので、イルカのトレーニングの経験豊富なスタッフに任せました。

そこでは、おもにアメリカなど欧米での考え方というか理論が実装されていて、すごいなあーと思いつつ「これは日本人にはあまり向いていないのでは?」とも感じました。決して悪口ではないので誤解しないでください。長くなりますから略していいますと、なんとなくですが陰に宗教観が潜んでいる感じでした。八百万の神々というのがなんとなーく染みついている日本人にはどうなのだろうと思っていましたが、あれから10年以上が経ち、若い方々はそんなのを軽く飛び越えて様々なパフォーマンスやハズバンダリートレーニングをこなしてくれています。うーん……ここは真摯に私が不器用なジジイだったと認めることにします。

イルカ飼育は今後も様々な議論になると思います。何度かいわゆる反対派の方々と話し合った時があります。話が平行線の場面も多々ありましたが、中には「ああなるほど」と思うイルカへの愛情が溢れている方がいらっしゃったのも事実です。これは今後も個人的には宿題と思っています。

開業当初に「何年で繁殖できるのだ?」とよく上層部に聞かれましてなんとなくですが「10年」と言い切っていました。そして本当に10年目に繁殖に成功しました。私は転職していましたので何も言えないのですが本当によかったです。現スタッフに乾杯です。

※パフォーマンス　現在はパフォーマンスではなく、イルカとトレーナーのコミュニケーションや餌をあげる様子を公開し、解説を加える「イルカプログラム」を実施。

鳴き声が騒音レベルのミナミアメリカオットセイ

飼育展示する生物の候補として、ミナミアメリカオットセイの名前も挙がっておりました。いわゆる鰭脚(ききゃく)類は海遊館スタッフの時に少しだけ給餌をお手伝いした程度しか飼育経験がなかったので、ほとんど未知の生物です。

そういえば生まれて初めて見たカリフォルニアアシカは、最大級のサイズに成長したオスでした。その個体にいきなり給餌をしたという経験があります。その際、バケツを持って恐る恐る飼育施設に入ると「オウオウ」と鳴きながら突進してきまして、私が「うああ」となっていたところ、当時レクチャーに来られていたベテラン飼育スタッフさんが「動くな。そこにいろ」と一言。するとカリフォルニアアシカは目の前でピタリと立ち止まってくれました。その飼育スタッフさんが、「アシカがお前に合わせてくれるから」とまた一言。すごいなアシカって、とても感動したものでした。

話をオットセイに戻します。この種類は比較的小型なのですが、その分、身体能力が優れています。飼育施設が完成してオットセイを入れる前に某水族館のベテラン飼育スタッフさんに見ていただいたところ、「あそこ、あそこ。蓋しないと逃げるよ」と一言。ほぼ垂直な壁でも、少しでも足で立って壁の上に顎がかかると「グイン」と簡単に外に出るそうです。

アシカの鳴き声と聞いて皆さんがなんとなく想像されるのは、「オウオウ」というあの声でしょうが、オットセイは「ぎいやあああ」というほぼ悲鳴に近い鳴き声です。しかも大きい。搬入直後はご近所さんや警察に「決して人が襲われているわけではないので」と説明に行くことになりました。それでも最初のうちは鳴き声対策として、夜はバックヤードに移動させていました。

館長の仕事って、なんだろね?

2014年に「館長」を命じられました。展示飼育部長兼館長です。あと執行役員も任命されました。「役員ってなんですか？」と人事の方に聞いたら、「役員法があるから本を読んでね」と言われましたので、「役員とは」みたいな本を買ったのですが、数ページだけ読んで飽きました。よくわかりませんでした。やはりサラリーマンには向いてないのです。ごめんなさい。

どうも館長ってよくわからないから、人に「何をすればよいのですか？」と聞きますと、「象徴でスポークスマン」なんだそうです。各地の園館の館長さんは経営も経理もされており、本当に素晴らしい方々が多く、激務をこなしておられます。でも私にそんなのは無理だなあと思っていたので、少し気が楽になりました。「そのままでよいから」と言われましたから。でも甘かったです。

見た目がどうもなあと言われ、ブレザーに蝶ネクタイが制服となりました。これは自分でも全く似合っていないとわかっていましたし、普通のネクタイでさえ年に1回するかしないかの私には、何が起こったかわからないくらいに悩みました。しかし企画の方々も別にイジメているわけではないので、ここは身をゆだねてみようと腹をくくりました。もし「いやー実はイジメでした」というならまだ間に合いますから正直に言ってね（笑）。

取材対応の時はいつも蝶ネクタイでした。今でもネットに出ていますので、見て笑ってください。まあ取材以外は作業着でしたから助かりました。そうやって露出することが誘客につながり、来館されたお客様にもしっかり自然のことを話せれば、館長の役目は果たせるということなのです。

それはそれで役目はしっかり果たしていましたが、ある取材で水族館前の公園をタレントさんと話しながら歩いていた時のことです。目の前にアオダイショウが現れたので、反射的に飛びついて捕獲しましたらブレザーの肘が破れました。またある取材では、蝶ネクタイで投網しました。

CM撮影の際、上からシャワーで水を浴びるというものがありました。これは「暑い夏を涼しく」というCMでした。撮影プロデューサーさんが「映画『ショーシャンクの空に』みたいにしてください」と言ってきましたので頑張ったのですが、完成して放送されたものを見たら『プラトーン』みたいでした。

いや、ゾウも怖いですよ

京都水族館のある京都市内には、京都市動物園と京都府立植物園、京都市青少年科学センターがあります。なかなか一つの市内でこれだけの施設がそろっているところは少ないのでは？　と思います。

専門家委員会の京都大学の伊谷原一先生は、野生生物のエキスパートで、私の相談にもよく付き合ってくださった尊敬する教授です。その先生は動物園の相談役のようなこともされていたこともあり、「この3施設で何かする？」という話になりました。その後、市長や知事も臨席された「これから産官学で連携してやっていきますよー」という調印式で顔を合わせた際に「で、何しますの？」と聞くと、「知らん。何かやってみてや」とおっしゃいます。すごく博識な先生ですが、ものすごく「べらんめえ」な方なのです。

まず1回目は、ゾウとオットセイの便から作った肥料でバナナを育て、それをゾウにプレゼントするという企画を行いました。京都府立植物園さんのご尽力で堆肥もできて、立派なバナナが実りました。バナナの木は草みたいな植物なので、全てゾウが食べることができます。

地元の子どもたちが見守るなか、ゾウへのバナナ贈呈式が行われました。普段は飼育広場をのんびり歩いている時間ですが、いったん象舎に下がってもらい飼育広場にバナナの木を置きます。すると、いつもと違う時間に象舎に下げられたのが気に障ったのか、ゾウはものすごく大きな声で叫び、壁に体当たりしています。怖い……。子どもたちも「？」という表情です。扉が開きました。ゾウさんは「ばあああおお」と叫んで走ってきて、バナナを鼻でつかんで振り回しています。「これ……大丈夫ですか？」と動物園の方に聞くと、「これくらいなら大丈夫ですよ」とニコニコ。そうしているうちに、ゾウはあっという間にバナナを全てたいらげました。うーむ。なんという迫力なんだ。「怖いですね」と言うと、動物園の方は「サメのほうが怖いですよ。水族館の方って、サメと同じ水槽に入るから信じられないですわ」と言われました。いや、ゾウも怖いです。

※3施設　京都水族館、京都市動物園、京都府立植物園。のちに京都市青少年科学センターも参画。

マンガ・美術品・恐竜とコラボしたユニークな企画

京都水族館では様々な企画展示を行いましたが、その中で印象深いものを幾つか紹介させていただきます。一つ目は『釣りキチ三平』をテーマにした企画展です。この漫画は、私くらいの年代の人には確実に心に残っている漫画の一つです。魚が大好きだった私も当然、大好きでした。作品に出てくる魚たちや、山や川など大自然の描写が本当に素晴らしいのです。この作品に出てくる「ライギョの仲間」「マナマズ」「アユ」「タナゴの仲間」「アカメ」「オイカワ」「イシダイ」「バショウカジキ」「イワナ」などに、どれだけウットリしたことか……。また作中に出てくる「アユの塩焼き」「おにぎり（3巻です）」が実に美味しそうなのです。

このすごい世界を再現した企画展は、京都国際マンガミュージアムのご協力により実現に至りました。そして作者の矢口高雄先生にもお会いすることができたのです。東京のご自宅へ伺いましたが、玄関のチャイムを押すまでに数分かかりました。「まあいきなりご本人が出てこないだろう」と思いチャイムを鳴らすと、「どうぞ」とご本人登場。心の準備ができていない私は、何も言えず数歩後ずさりしました。

この企画展は作品に登場した魚たちを、その登場シーンを拡大したタペストリーとともに展示するというものでした。展示期間中には、矢口先生のトークセッションを実施させていただきました。そこで「最近は水の事故防止で子どもたちが川などに近寄れなくなってきた」「事故防止は理解するが、某所の夏休みの標語で（水辺に近づく悪い子）というのがあった」「とうとう水辺に近づくのは悪い行為とされてしまった。事故防止とはいえ、これはどうなのだろう?」と、とても悲しい表情をされたのが印象的でした。

二つ目は京都国立博物館さんとコラボレーションした企画展です。これは、数万点にも及ぶ京都国立博物館さんの所蔵品のなかから、魚などの水棲生物を描いた、もしくはモチーフにした作品を展示し、それらに描かれている魚の解説を行うというものでした。

数百~千年前のすごい作品が目の前に多数現れてタジタジとなりながらも「これはたぶん◯◯という魚です。なぜならばですね……」と話していくうちに、あることに気がつきました。平安時代くらいの水墨画の魚たちが中国産なのです。不思議だったので調べると、当時は大陸から渡来した水墨画を模写する文化があったそうで、納得しました。

そして、描かれた魚たちをよーく見ていくと、「食べておいしい魚」が中心でした。ケツギョとかですね。このあたりの認識が、今も昔もあまり変わっていないのは面白いです。

カメの仲間ですと、模写が一般的だった時代には大陸産のカメたち、すなわちクサガメやミナミイシガメが多く描かれており、古来日本に生息しているニホンイシガメが全く描かれていません。ニホンイシガメがよく確認できるのは江戸時代になってからの作品で、ニホンイシガメ好きの私からすると、少し残念でした。

三つ目は、福井県立恐竜博物館にご協力を得て行った恐竜関係の化石展示です。これも素晴らしい企画展示となりました。先方に出向いて話をするなかで、映画『ジュラシックパーク』の話題になり、「あれ面白かったですよね」と話すと、皆さん一斉に私を見て「あれ、なんだろうねえ」と一言。そして「レックスに羽毛があることはもはや常識なのに、あの映画のレックスにはそれがない」「レックスの歯がむき出しすぎる。あれでは口の中が乾くし獲物が口から出てくる。唇がないではないか」ということで、あんまりお好きではなかったようでした。

他にも化石愛が本当にすごくて、始祖鳥の化石（あの有名な化石です）のレプリカをお借りしたのですが「これはオリジナルのベルリン標本から直接型を取ったので、よいものですよ」と教えていただき、「確かにきれいですねえ」と話すと、「オリジナルはね。骨が石でなく本物の骨に近く、化石なのに骨特有の色つやが残っているのだよ。そして羽毛も確認できる。こう斜めにすると光沢が現れてだね。嗚呼……」と、しばしウットリされていました。

展示期間中は、福井県立恐竜博物館の学芸員さんに定期的に来館していただき、館内で解説グリーティングを行いました。この方はいわゆる「恐竜」のことなら何でもご存じな博学の先生でして、ある時「先生の専門というか、一番好きな恐竜は何ですか？」とお尋ねすると「私、恐竜はあんまり好きではないのです。その時代のシジミの仲間の研究が専門です」とおっしゃいました。「小さな貝には無限に近いロマンがある。なぜならば……」とお話を聞いていると、本当にすごい内容でした。

また、アンモナイト専門の先生もおられまして「ついに日本で発見した、すごいアンモナイトの化石を見せてあげる」と言われドキドキして待っていると、タバコの箱くらいの容器の中央に、ゴマ粒くらいの何かがありました。「これはなんでしょうか？」と尋ねると、「アンモナイトの中央にしかない部分の完全な化石ですよ。これはなかなか出ないのです。これでアンモナイトの進化の秘密が解けるかもしれないのだよ」というお話です。大きな恐竜ばかりに目がいきますが、この小さい化石から古代の謎を解明していく先生方には、本当に頭が下がりました。

魚の伝道師・さかなクン

さかなクンは魚好きの方だけでなく、多くの方々がご存じの大学の客員教授で、アーティストでもあり文化人でもあるという、なんかすごい方です。海遊館時代に漫画家の山田玲司先生が『絶望に効く薬』という作品を執筆され、それにさかなクンが紹介されていました。恐れ多いことに私も紹介されたのです。それが縁で話をするようになりました。

何回か会って話をしてはいたのですが、なんと、一緒にラジオにレギュラー出演することとなりました。TBSラジオで２０１７年10月から２０１９年3月までの間、毎週放送された『さかなクンのレッツ・ギョ～!!』という30分の番組です。司会進行脚本は、あの萩本欽一さんの家に住み込んで修業された鶴間政行さんという著名な放送作家さん、録音と全体のプロデュースはシャ・ラ・ラ・カンパニーの鈴木登世宏さんという、すごい方々です。

そんな人たちに囲まれて何が勉強になったかといいますと、「伝える力」です。皆さんそれぞれ超一流でありながら、向上心が高く、「どうすれば伝わるか？」ということを常に念頭に置いて実践されていました。

一方さかなクンですが、「スタジオに朝どれの地元の館山の魚たちを持ち込んで食べていた」というような、魚に関連したエピソードしか、ほぼ聞いたことがありません。一体、どれだけ魚の知識を有するのだろうか？

その知識のほとんどは、彼の経験に由来しています。そのため、すごく説得力もあります。もしかしたら、魚の知識だけならもっと詳しい学者さんもいらっしゃると思いますが、さかなクンには、ずば抜けた伝える力がありました。

ラジオの打ち合わせや打ち上げで、鈴木登世宏さんのご実家である蒲田の「すずこう」という飲食店をお借りして、定期的に宴を開催していました。そのお店はイワシ料理が素晴らしいので、行くとひたすらイワシ談義に花が咲きました。「さかなクンは、よくまあイワシというお題だけでこれだけ話題提供を楽しくできるものだ」と茫然としながら、名物のイワシのナメロウを食しつつ、日本酒をすするのが実に楽しかったです。

著者とさかなクン、桝太一（同志社大学助教）とのスリーショット。

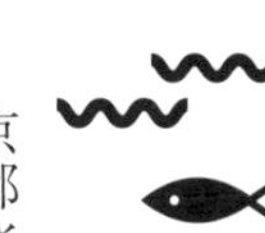

東京スカイツリータウン®の「すみだ水族館」

京都水族館を開業すべくこの会社に入りましたが、入社寸前に「実は東京スカイツリータウンにもほぼ同時期に水族館を開業するので、それも見てね」と言われました。「いや、無理だろ、それ」と思いつつ図面を見せてもらうと、ペンギンがメインなのはわかりましたが、あとがわかりません。水族館というより、イベント広場のような感じでした。その当時は、内容が未定だったようです。

状況はかなり混乱していたのですが、ちょうどそのころに小笠原が世界遺産に登録されましたので、「よし東京大水槽※にしよう」ということになり、ようやく展示内容が固まっていきました。

展示に関する思い出といえば、珊瑚の海を紹介するコーナーで、あわせてチンアナゴを展示しようという話になりました。今でこそチンアナゴは有名になりましたが、以前から各水族館でふつうに展示されていたんですよね。

チンアナゴの存在を全国区にしたのは、すみだ水族館だと思います。私は最初、なんとなく気乗りしませんでした。多数のチンアナゴを入れるということに、どうしても抵抗があったのです。しかし、実際に展示を開始すると大人気になり、なんと「チンアナゴの日」まで認定されました（11月11日です）。そのほか、歌や、人気アニメで「チンアナゴー」と言うだけのシーンが話題になりました。卒業式で仮装する文化がある京都大学では、チンアナゴとニシキアナゴの仮装が現れたりもしましたね（笑）。つまり、チンアナゴの姿が皆さん頭の中にすぐに出てくるということです。すごい人気です。

飼育のほうは、何とか繁殖させたいと頑張った結果、産卵行動を記録できるまでになりました。「単なる人気者だけで終わらせたくない！」という現場の意地だったと思います。

チンアナゴの「チン」ってなあに？　というのはよくクイズにも出てきます。これは犬の「チン」に似ているから命名されたという話が有名なのですが、今ではそのチンを見かけることが少なくなりました。そのため、説明しても「？」となるお客様も多くなりまして、まず犬のチンから説明しなくてはいけないのですよ。今名前をつけるとなると、同じ鼻ぺちゃの顔の犬からとって「パグアナゴ」とかなんだろうなあ、と思っています。

※東京大水槽　現在（2023年）は小笠原大水槽となっている。

実は豊かですごい！　東京の海

大阪生まれ大阪育ちの私は、「東京湾は汚染された海」というイメージでした。ところが、ビックリするくらいに豊かな海なのです。きれいとは言いがたい場所も多いですが、すみだ水族館関係者で向かった羽田空港の近くの海は、砂も水もきれいで本当に驚きました。ここは干潟に網を仕掛け、潮が満ちた時に魚が網に入り、潮が引くと魚が網の中に残るという「すだて漁」を体験できるのですが、魚たちもたくさん生息していて、仕掛けた網にはビックリするくらいの魚が入りました。

そして佃島（つくだじま）へも行ってみました。「佃煮」発祥の土地です。関西から来られた漁師さんが移住されていることもあり、関西以外で関西弁が使われる土地として有名です。佃島の港を覗くと、底や岸壁の壁面にビッシリとマハゼが観察できました。おそるべし、東京湾。

さらに驚かされたのは、築地で食べた江戸前寿司です。これもさかなクンが連れていってくれたのですが、（現在は豊洲に移転されましたが）「鮨文（すしぶん）」さんの江戸前のアナゴには、ほとほと頭が下がりました。口に入れるととろけてなくなり、旨味だけが口の中に残るのです。何が起こったのだろう？　と、放心していると「江戸前のアナゴでないとこうはならない」と言われました。それだけよい海なんです。うーむ、すごいぞ東京の海。

天然記念物の保護生物「ミヤコタナゴ」

ミヤコタナゴはきれいな小魚で、繁殖期のオスの体に現れる婚姻色が特に美しいコイ科の魚です。関東の淡水域に生息していますが、分布域も狭く、点在している程度で、国指定天然記念物になっています。

それらの生息域外保全をずーっと行ってきた関係者から協力依頼がありまして、小雨が降るなか、千葉県某所へと向かいました。山間ののどかな田園地帯です。挨拶もそこそこに田んぼのあぜ道を歩いていくと、その人は、幅1メートル弱、深さ30センチ、長さ数メートルくらいの場所を指さし、「ここからここまでです」と示されました。狭いとは思っていましたが、想像をはるかに超える狭さでした。「え！　ここですか？」と尋ねると、「そうなんです。もうここと数カ所でしか見られません。昔はあちこちにいたのですがねえ」という答えが返ってきます。言葉を失いました。そこに生息していた個体群は、すみだ水族館や他の水族館で累代飼育（何世代にもわたり繁殖させ、飼育すること）されており、生き残っています。いつか、彼らが生きていける場所を自然の中に確保して、放してあげられるようにと祈っています。

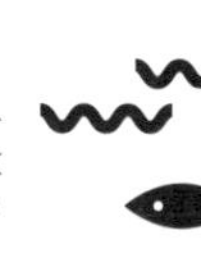

「清流の宝石」も生息する東京スカイツリータウン近辺

東京スカイツリーは、東京都墨田区に所在する高さ６３４メートルの電波塔です。高所恐怖症の私が、東京スカイツリーを初めて見た時の印象は「怖い」でした。さて、その近辺にはどんな生物がいるのかしら?

東京スカイツリーの目の前に、北十間川（きたじゅっけんがわ）という川があります。隅田川から流れてきているそうです。両側がコンクリートでビッシリ固められていて、「生物なんて何もいないのだろうなあ」と思いつつ、休日に散歩がてら歩いていました。ところが、上から見ているだけでも、水中にはマハゼ、チチブ、ウロハゼ、ボラ、メナダ、スズキなどが多数確認できるのです。上から見ているだけでこれだけ確認できるのですから、網やら潜水やらで調査すると、さぞやたくさんの種類の生きものが見られることでしょう。

他にはクサガメやミシシッピアカミミガメも多数見つけました。この辺りは「外来種だ！けしからん！　殺処分だ」と意見される方もおられます。これについては話せば長くなりますので、「私はむやみに殺せません」という言葉にとどめておこうと思います。もしあれば次の機会にでも。

そしてよく見かけるコサギやアオサギだけでなく、なんと、カワセミがいたのです。あの「清流の宝石」と呼ばれるきれいな鳥さんです。カワセミは意外と都市部でも生活しているのですが、東京スカイツリーの真下でも確認できるとはさすがに思いませんでした。東京には大きな自然公園が点在し、街路樹も多く、それに適応した野生生物が生活していることが確認されています。「コンクリートジャングル」とか呼ばれていますが、そんなに悪いところでないような気がしています。

「マゼランペンギン」は、すみだ水族館の守護神？

屋内でにおいが気にならないペンギン展示の具現化には、かなり苦心しました。アメリカなどでは消臭効果のある次亜塩素酸を定期的に噴霧し、消臭や殺菌をしているわけですが、ペンギンは鳥です。よってにおいにはかなり敏感なので、慎重に濃度をコントロールしないと嫌がるだけです。例えば、警察や公安の方々が毒ガスを製造しているとされる施設に捜査へ入る際、先頭の人間は、手に小鳥が入った鳥カゴを持っています。これは、もし有害なガスが発生していたら、人間より先に鳥が騒ぐので、早期発見できるためです。それくらい、鳥はにおいに敏感なのです。

いくら脱臭ができたとしても、ペンギンたちが嫌がることは絶対にしてはいけません。ですので、噴霧する消臭剤の量や場所などには細心の注意を払いました。しかし結局のところ、飼育係が直接掃除することが一番よいということになったため、飼育スタッフは1日中ウエットスーツを着て小まめに掃除を行うということになりました。本当に無理を言って申し訳なかったと思っていますが、今では毎年繁殖に成功していて、素晴らしい空間になっています。

妥協を許さぬ真面目な獣医さん

獣医を探そうということになり、知人の獣医にお願いして、新卒の方を紹介してもらいました。しかし新卒ということもあり、少しヘルプでと、知人の獣医にも診てもらうことにしました。

この小家山先生は爬虫類、なかでもカメに特化した獣医で、カメの医学書を数冊出版しているような方です。先生は極めて真面目な方でした。生きものの命を預かる仕事ですから、当然、妥協はよろしくありませんが、この方は本当に一切の妥協も許さない人でした。爬虫類を専門にされていましたが、ペンギンを診るとなると国内外の文献という文献を入手し、すさまじい勢いで勉強されてきました。時には、まだ国内では未発表のデータを咀嚼して導入されるため、飼育スタッフがその知識に追いつくころには次のステージに進んでいたほどで、飼育スタッフはついていくのが精一杯でした。とてもいい修業になったと思います。

飼育スタッフと獣医とのリレーションがなかなかうまくいかない、ということはよくあるのです（笑）。私もよく衝突していましたね。

二つの水族館開業をおびやかした東日本大震災

京都水族館とすみだ水族館が開業する前年に、あの「東日本大震災」が発生しました。私はちょうど、すみだ水族館関連の会議が終わって東京から戻る新幹線の中でした。新横浜駅に入るあたりで急ブレーキがかかり、電車が止まった瞬間、あのものすごい揺れが発生します。

あまりの激しい揺れに地震と理解できるまでに数秒かかりました。電気は全て止まり、数時間そのまま停車となりましたが、幸い駅に入っていたので、トイレなどは助かりました。

トイレに行く途中、構内のテレビで津波を見て言葉を失いました。当然ながら、翌日から工事関係の塩ビ配管や軍手などは、全て被災地に送られました。「これは開業が遅れるな」と、誰もが思いましたし、それに文句を言う人も誰もいません。

この震災を機に、一気に変わったことがあります。それは「照明」です。震災前は水銀灯が主流でした。ＬＥＤもありましたが、なかなか実用までには至っていなかったのです。

ところが震災後、本当にあっという間に、全てLEDに変更になりました。震災で「節電」の流れがすごい勢いでやってきました。そこで従来の照明器具より消費電力が少ないLEDが注目されたというわけです。当時でも使用されつつあったものの、「なんとなく暗い？」「深い水槽だと底まで届かない？」というイメージがなかなか払拭できませんでしたが、急速な技術の進歩でそんな心配も完全になくなりましたね。

悪い人間もいまして、混乱に乗じてLEDモドキを売り込んでくる業者も多数いました。こんな連中を剝がしていきながら、急ピッチでのLED化は何とか間に合いました。今でも水族館内などで大型ライトを見ると、この時のことを思い出してしまいます。

京都水族館、すみだ水族館でも、本当に様々な方に助けていただいた毎日でした。慣れない（今でもですが）ビジネス用語が飛びかう会議でオロオロしましたが感謝しかないです。

そして、実際館長になって感じたことは、「館長ってそのまんま施設のイメージキャラになるからプライベートもキチンとしないと全体に迷惑がかかる」でした。これは反省しています。なぜか？　それは言えません。勘弁してください。

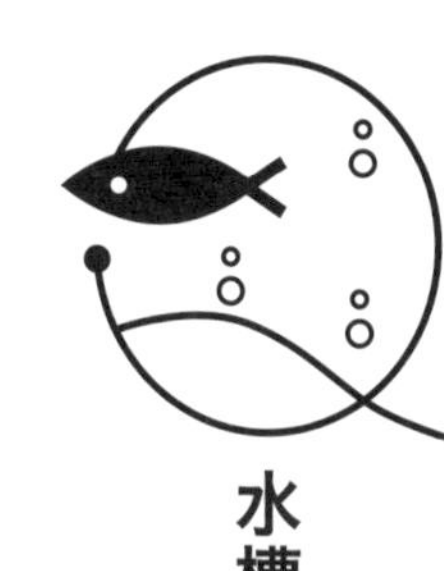

水槽の水はどうやって替えるの？

A 水槽によりますが大水槽はつぎ足しています

水族館の大型水槽の水は、基本的に交換は減った分をつぎ足す「補給型」が多いです。これは水を常にきれいに維持するろ過装置がすごく充実しているからです。「生命維持装置」略して「LSS」とか呼ばれています。大まかな仕組みですが、まず目視できるゴミをひっかけて除去する「物理ろ過」、魚たちの排泄物で発生する有毒なアンモニアを無害にする「生物ろ過」をします。そして病原菌などを除去するために「オゾン」や「紫外線」を駆使し、水の白濁を防ぐために「タンパク質除去装置」を使用しています。そして水温調整をする「熱交換機」を通してまた魚たちを飼育している水槽に戻すのです。

これらを設置する費用や運転する電気代はなかなかの金額なのですが、自然界にはそんなの全くないのに、場所にもよりますが、まだまだ美しい海や川が残っています。自然の自己浄化作用には本当に頭が下がる思いですね。マジで。

魚って懐くの？

A
慣れますが、懐きません

家畜として人間との暮らしが長い犬などが別格の生きものだと思います。たまに「慣れている」のを「懐いている」と思っている方々が見られますが、頭をなでて喜ぶのは犬と一部の哺乳類くらいです。多くの生きものにとって頭頂部は急所なので、触れられるのは嫌なのです。生きものたちは、まあ触ってもいいけどさあ……、というところまで慣れてくれているだけです。私はイルカのパフォーマンスを理解したくて（そもそも別の世界でした）京都時代にジャーマンシェパード（名前はセレナちゃん）を迎え入れて警察犬訓練を少しだけかじりましたが……やはり別の世界でした。

で、魚ですが、ほとんどの種類はある程度慣れてくれます。それはそれでうれしいのは事実ですが、あくまで「生きもの側が我慢しているだけ」だと思います。慣れているのですね。懐いているとは言えません。

4章

四国水族館でこれからの展示のあり方を考える

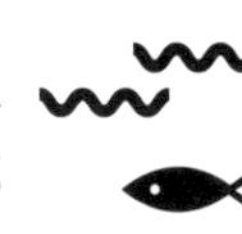

そして四国水族館へ

京都水族館とすみだ水族館が開業してから10年近く経ったある日のこと、「香川県に水族館を造るから来ない？」とお話を受けました。四国は大好きな高知県があることや、高知の近くだからみんなで遊びにいけるかもとか、母が元々香川県の出身ということもあり、「なんか縁があるなあ」という極めて単純な理由で行くことにしました。軽い私を許してください。

香川県宇多津町に開業する、その名も「四国水族館」……というところまで聞いて、「4県ひっくるめてしまうとはすごい屋号だなあ」とタジタジとなりながら現地に向かいました。まず、住む場所を探します。不動産屋さんに「一番安いところ」と聞きますと、「水族館から徒歩1時間」で「田の真ん中」で「トイレはあるが風呂はない」と言われました。うん、確かに安い。いやしかし、もう少し何とか……とお願いすると、川と海沿いに水族館から徒歩15分という、ウットリするような好条件なのに異常に安いアパートを紹介されました。本当に家賃が格安です。たぶん何かあったのでしょう。

異常に安いアパートはさておき、四国水族館は「四国水景」「次世代水族館」「大人の水族館」がテーマでした。私が行ったころにはすでに基本構想も終わっており、建設工事もほぼできあがっていました。ということで、魚類集めを命じられます。これもある程度は進んでいましたので、補充程度の収集で大丈夫でした。すでに高知県の大月町古満目（おおつきちょうこまめ）、東洋町甲浦、島根県などから魚類が集められています。そこに淡水魚用として、みんな大好き五島列島福江島の玉之浦です。京都水族館、海遊館、桂浜水族館、和歌山県立博物館、エビとカニの水族館などなど……皆さん、本当にお世話になりました。

ちなみに日本産淡水魚のオイカワなどは大阪府立環境農林水産総合研究所生物多様性センターさんにお願いしていたのですが、「どこで採集したの？」と聞きますと、許可をとって「芥川」で採集したと言います。なんとまあ故郷のオイカワたち……幼少期の思い出から中学時代、海遊館時代、そしてまさかの四国水族館までともにすることになるとは。

希少種から増殖したアカメと、逆に高級魚となったウナギ

アカメという魚は、日本固有種で、全長が1メートルを超える巨大な魚です。和歌山以

南の太平洋側で、大きな河川がある場所に見られていました。有名な生息地が高知県の四万十川と宮崎県でした。幼魚時代は汽水〜淡水域で暮らしているので、「自然が残っている大きな川」がポイントのようです。

このような河川には、浅瀬に植物が豊富に茂っていて、よい隠れ場になります。実際に幼魚は、水草などの間でうまく隠れています。飼育すると、幼魚が頭を下にして、うまく水草にとけ込んでいることがわかります。そうして、水草に集まるエビや他の魚たちを捕食しているのです。

四万十川でアカメ釣りの名人にお話を聞く機会がありました。「餌はボラの一匹掛け」「あの間には、大きなアカメが住んでいる」「デカいのは鱗が硬いから、鍬で畑を耕すようにして鱗を剥がしていた」など、様々なエピソードを伺いました。

名人は、「四万十川も魚がほとんどいなくなった」と嘆いてもおられました。「四万十川には今でも魚がたくさんいると思いますが？」と聞くと、「なんの」と一言。咳払いされて、「アユが上がってくる時期は、川の対岸までアユで真っ黒になっていた」「ウナギなんかは、川のもうそこらじゅうにうじゃうじゃいた」とおっしゃいました。今の四万十川は、名人翁から見ると「もう何もいなくなった」という感じなのだそうです。

ではアカメは？　というと、なぜか「減っていない」「温暖化なのか岸近くで群れていることもある」「最近は釣ってもみんな逃がすから（昔は食用にしていた）、減らないのかのう」という意外なお言葉が返ってきました。事実、アカメはこの数十年で今まで姿を見せなかった港などにも住みついているようです。「昔は希少だったアカメが増えている（調査されているわけではないのですが）のなら、温暖化も悪くない」という話では決してないので、誤解なきようにお願いします。

ちなみにウナギといえば、１９９０年ごろ、四万十川の漁師さんに「土用の丑の日だから家にウナギを食べにおいで」と誘われたことがあります。イソイソと出かけますと、直径90センチくらいはある大きな皿にウナギの蒲焼が高さ4センチくらいにピラミッドのように盛られていました。「さあ食べな。これは全て四万十の天然ウナギだぜ」と漁師さんはニヒルな笑みを浮かべ、「朝からずっと焼いていたから大変よ」と奥さんはビール片手におっしゃいます。私は腰が抜けました。その当時でも高価なウナギをこんなにも……さすが地元漁師さんです。で、味はといいますと、皮がすごく弾力があってタジタジとなりましたが、奥さん秘伝のタレも相まって、極上だったのは言うまでもありません。もう二度とあんな光景は見られないのでしょう。

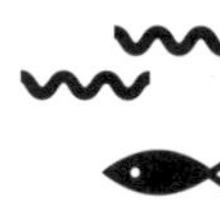

四国水族館の目玉「アカシュモクザメ」

四国水族館の宣伝隊長は、アカシュモクザメがモデルの「しゅこくん」というゆるキャラです。なかなかの人気で、グッズもよく売れているようです。

さて、アカシュモクザメ。このサメを捕獲して展示することとなりました。以前から何度か捕獲・畜養・輸送は経験していましたから、そんなに焦りはありませんでしたが、春に開業ということは、アカシュモクザメは冬季をイケスで暮らすことになります。「危険だなあ。冬の寒い時期を越せるのか？　そもそも冬季直前に、アカシュモクザメが網に掛かるのかな？」と思っていました。夏によく見られるイメージがある魚だったからです。

いざ採集を始めると、思ったよりすんなり網に掛かったのですが、「こんなに違うのか」というほど、隣同士の土佐清水市と大月町で、網に入ってくるアカシュモクザメのサイズと量、それから入る時期が違いました。不勉強を恥じつつ、改めて自然って本当に底が知れないし、それがたまらなく楽しいなと感じた次第です。

ちなみに、アカシュモクザメに近いシロシュモクザメというサメがいます。見た目はほとんど同じで、乱暴に言いますと、目の間が少し凹んでいるのがアカシュモクザメ、凹んでいないのがシロシュモクザメという程度の差です。見た目は似ていますが、圧倒的にアカシュモクザメのほうが飼育が容易で、シロシュモクザメは輸送も含め、なかなか困難な種類です。ちなみに、食すとこれまた味の違いがはっきりします。

アカシュモクザメの好物は、エイの仲間です。あの頭の形は、砂に潜っているエイの仲間を発見しやすいようになっています。このあたりの詳細については図鑑を読んでいただくことをお勧めしますが、しゅこくんがいつも一緒に行動するほど仲よしの友達が、エイの仲間のエイくんという点について、サメに詳しい友人知人から「あれは……」とツッコミが多数来ました。ここは頑固に「仲がいいのだよ」と言い続けたいと思います。

アカシュモクザメ。

四国に存在した、貴重なニホンイシガメの生息地

ニホンイシガメは、地球上で日本国内、しかも本州、四国、九州にしか生息しないカメです。本州でも、生息域は西日本に集中しています。いわゆる日本固有種です。最近の研究では外来種のクサガメとの交雑が進み、純粋なニホンイシガメの生息地がかなり減少しているそうです。また、元々は河川の上流から中流に生息していたものの、開発が進み居場所を失ったため、絶滅危惧種に指定されています。

相当変わった生活史のカメなのですが、四国水族館では、このカメを展示しております。純系が多い＝クサガメが侵入していない河川は少なく、国内でも離島を含めて数カ所のようです（クサガメが生息しているからといって全てのニホンイシガメが遺伝子的に汚染されているとは言い難いのですが）。たまたまそのような河川を四国で発見しました。

その場所は小さな河川で、自然のままとはいえないのですが、ニホンイシガメが多数生息していて、クサガメが一切いません。こんな川がまだあったのだと驚きました。統計をとったわけではありませんが、よくよく観察してみると、そこに生息するニホンイシガメは全体的に小型化しているように思えます。雌雄とも性成熟しています。そんなに大きな川ではないので、自然と矮小化したのかもしれません。これは他の爬虫類でも見られる現象で、地域によっては逆に大型化するのもいるそうです。

四国に貴重なニホンイシガメの生息地があったことを素直に喜びたいのですが、ここでは場所を記載できません。捕獲しようとする人がいるからです。これが困った問題でして、家で飼育する程度ならまだしも、大量に捕獲して販売する人も現れます。

数年前にはニホンイシガメの価格が高騰していました。「もうすぐ天然記念物になるから手に入らなくなる」という話が広まり、きれいな個体は数万円という値段で販売されていました。また海外でも人気が高まり、かなりの数が輸出されました。すぐに「絶滅」するというわけではありませんが、「今のうちに輸出に制限をかけて守りましょう」ということで、ワシントン条約（ＣＩＴＥＳ）で付属書Ⅱ該当種となりました。

昔は幼体のニホンイシガメは「銭亀」と呼ばれていました。丸く黄色い甲羅が硬貨のように見えたことが、その名の由来だそうです。そんな身近だったニホンイシガメがすごい勢いで生息数を減らしているのは、悲しい話です。皆さん、四国水族館に来館されたら、日本が誇る素晴らしいカメをよく観察してみてください。ほぼ全ての個体の甲羅の色や模様が違うのがわかります。全てが個性的なのです。カメは奥が深いのですよ。

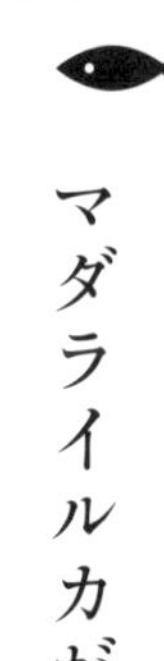

マダライルカが逆立ち泳ぎをする謎

四国水族館では、マダライルカという種類のイルカを飼育しています。皆さんがよく他の動物園や水族館で見るだろうハンドウイルカやカマイルカと違って、かなり小型の種類でして、実際に見てみると「ちっさいなあ」と思われると思います。あまり飼育例がなくて、そういう意味では珍しい種類だと思います。

館内に輸送して、やっとこさプールに搬入すると、全ての個体が逆立ちしていることに気がつきました。魚でいうとヘコアユのような感じです。私はそんなにいろいろな種類のイルカを飼育観察してきたわけではないので、「これはどういう意味なんだろう?」「水流?」「光?」と戸惑いました。食欲は旺盛で、しっかりゴハンも食べますし、血液検査の結果や排泄にも問題はありませんでした。でも、逆立ち泳ぎなのです。

数日たって数頭が普通に泳ぎだし、それに続いて全頭が通常の遊泳に戻りました。その時の一番楽な姿勢があの逆立ちだったのでしょう。他に意味するところがあったのかもしれませんが、それは今後、明らかになっていくと思います。

あと、あのイルカは夜遅い時間、特に夜明け少し前になると、すごく活発になります。ものすごい勢いでジャンプするなど、みんなで大はしゃぎしているのです。これも他のイルカたちにはあまり見られない行動でした。最初は「何か問題でも？」と思ってプールに近づきましたが、イルカたちは何事もなかったように普通に寄ってきます。特に怒っているわけでもありません。「おはよー」と挨拶していると、また普通に泳ぎつつ、ジャンプしています。さて、なんでしょうか、これ……。

大水槽にパンチを効かせる「グルクマ」

水族館の魚の大水槽には、イワシのように群れで泳ぐ魚が何かしらいますよね。その魚の種類にパンチというか、スパイスを効かせたくて、グルクマという魚を導入することにしました。大きな口を開けて群れで泳ぐ、沖縄地方に多く見られる魚で、四国でも太平洋側で確認されています。

ということで、沖縄美ら海水族館さんの協力を得て、活魚車で沖縄～九州～四国という輸送を実行しました。飼育スタッフが常につき、定期的に水温や水質を計測しなければならず、なかなか大変な輸送作戦となりました。輸送には広報も同行し、その様子を記録していましたので、グルクマを展示している大水槽横の壁に、輸送風景を動画で流しています。四国水族館を訪れた際は、ぜひご覧くださいませ。

そのグルクマ輸送前、事前打ち合わせのため沖縄へ向かいました。沖縄美ら海水族館の方とも久しぶりにお会いしたのですが、昔はわりと扱いが低かったグルクマも漁獲数が減少して、やや高級魚扱いになっているとおっしゃっていました。実際に地元では、グルクマが様々な加工品にされておりまして、御馳走になりましたが本当に美味でした。

当たり前ですが、工夫しだいで魚は美味しくいただけます。加工方法がどんどん進化していき、グルクマだけでなく、他の魚種も扱いがよくなり、混獲されても廃棄されることなく、ちゃんと自然の恵みとしていただけるようになればいいなあと思っています。実際にそういった試みを実施されている企業さん

群れを作って泳ぐグルクマ。

もあるので、期待したいです。

水槽に衝突せず上手に泳ぐ、養殖育ちの「スマ」

カツオの仲間で、「スマ」という名前の魚がいます。おなかに灸をすえた後のような黒い模様が数点あるので、別名「ヤイト」とも呼ばれています。今どきヤイトで通じるのか、かなり疑問なのですが、まあそのヤイトことスマのお話です。

カツオより飼育しやすいということで、愛媛大学さんが養殖されている個体を分けていただくことにしました。養殖個体なので、水槽にもすぐなじんでくれるだろうと期待して導入したところ、その予想は見事に的中。水槽に入れてもアクリルガラスにぶつかることなく、きれいに群れで泳いでくれました。

スマを含む、カツオやマグロの仲間が飼育困難な理由の筆頭は、「衝突死」なのです。輸送も大変ですが、無事に水族館に到着したとしても、水槽に入れるやいなや、そのままガラスに衝突して死んでしまうというケースや、カメラのフラッシュなど、何かに驚いてアクリルガラス面に衝突して骨折、死亡というケースが多々発生します。しかし、養殖で飼育されていた個体たちは、そのリスクが低いのです。これは本当に助かりました。スマを迎える四国水族館の水槽は、奥側が暗く、大海原の奥行を表現しているのですが、その演出にも全く動じることなく見事に群れで遊泳してくれています。

地域によっては「トロカツオ」とも呼ばれ、全身が上品な脂でしっとりと覆われており、刺身で食べると素晴らしく美味です。皆さん、どこかで見かけたら（鮮魚店で）是非ともご賞味ください。「美味しい！」と言わせる自信があります。

身近だからこそ気づかれにくい「マアジ」の美しさ

マアジは、おそらく日本人に最も親しまれている魚の一種だと思います。「味がいいから アジ」と名づけられたこの魚は、水族館では最初に水槽に入れる魚としても重宝されています。これは、「比較的安価でまとまった数が入手できる」「輸送に強い」「群れを作る」「丈夫」などの理由から、生物ゼロの水槽に導入してろ過し、バクテリアを活性化させるのに最適なのです。このような魚種を「パイロットフィッシュ」と呼んでいます。

さて、このマアジの魅力は、それだけではありません。個人的な感想で恐縮ですが、実に美しい魚です。「汚い魚っているのか？」と聞かれると、私は「いません。全て美しいです」と答えるので矛盾していますが、マアジは特に美しいのです。干物の印象があまりにも強いので、なかなか遊泳している姿をじっくり観察したいとは思わないかもしれませんが、「なんだアジか」「活魚料理屋で見られるやん」とおっしゃらないで、水族館でじっくり飼育された（まあ脂はややのっていますが）マアジをご覧ください。

金色やプラチナに輝く体表は見事です。角度によっては、アクアブルーにきらめく尻ビレのつけ根や、餌をほおばっている時のエラの内側に見える水墨画のような黒など、実に素晴らしいのです。なので、「なんだ、珍しくもない」と言われても、私はこれからもマアジを飼育していきます。

身近な魚ゆえに、関心を持たれにくく、水族館では「面白くない」と言われるマアジですが、生息環境で「黒」と「黄色」に色彩が変わることは、あまり一般に知られていません。このように、身近だといっても意外と知らないことがまだまだあるのです。食材としては美味だと喜ばれているのに、生きた姿だと見向きもされないという状況に、「まだまだ水族館でやらねばならない課題がたくさんあるのだな」と、いつも痛感しています。

気づきがいっぱい宇多津町

四国水族館がある香川県の宇多津町は、瀬戸大橋を四国側に渡って数分の場所にあります。癖でどうしても周りの自然というか、生きものを見ているのですが、ここに居住してから気がついたことがあります。

まず驚いたのがツクツクボウシというセミです。関西では夏の終わりに鳴くセミというイメージでした。初夏にニイニイゼミが鳴き、続いてアブラゼミ、クマゼミ、山間だとヒグラシという感じですね。しかし、ここでは春一番にツクツクボウシが鳴いていたのです。ここ数年で一番ビックリしました。いろんな原因というか理由があるらしいのですが、今年も最初に鳴いていたセミはツクツクボウシでした。ものすごい違和感です。

次に、外来種のハッカチョウという鳥です。最初は珍しいなあと思って見ていましたが、私がこの地に来てから約3年で間違いなく増えています。最初は日に2~3羽しか見られなかったのですが、今では10羽以上見かけます。もっと計測しとけばよかったなあ……と後悔しています。巣も見つけました。この鳥が増えると、たぶんですが同じような生活空間の鳥は追いやられてしまいそうです。今はムクドリの数が減りつつあるように思えます。

　そして、館内でアオダイショウの小さい個体が毎年見つかっています。ということは、近くに親がいて、さらには餌となる小型哺乳類がいるということです。隣接する松林にはメジロが多数巣を作っていますので、そのヒナなどが食料になっているのでしょうが、それでは足りないと思います。この手のヘビを飼育された方なら（あんまりいないかな）納得されると思うのですが、彼らはかなりの大食いで、相当量の餌が必要なのです。

　あと、タワヤモリも見かけます。このヤモリも日本固有種でして、おもに瀬戸内地方で海岸近くに生息しています。皆さんがよく見かける「夏の窓ガラスや自動販売機など光に集まる虫を食べに来る」ヤモリではなく、「光に集まる虫とかいらないもんね、自然界で暮らすもんね」というヤモリです。見た目はニホンヤモリ（光に集まる虫を食べているほう）とほぼ変わりませんが、野趣溢れるかっこいいヤモリなのです。タワヤモリの「タワ」とは、多和村の「多和」からきています。多和村は、香川県にあった村です。市町村合併で村名は消えてしまいましたが、そんな名前を持った生物もいるのです。

　水族館の裏には、瀬戸内海に流れ込んでいる安達川があります。満潮時にはクロダイやアカエイ、ボラ、メナダ、クサフグなどが多数観察できる川です。少し上流に上がって潮が引くのを待つと、トビハゼやシオマネキなどが多数見られます。

もう少し上流に行くとミシシッピアカミミガメが大量にいます。これです。このカメは今、ほぼ全国制覇する勢いで生息域を拡大しています。その原因の一つが「耐塩性」らしいのです。クサガメやニホンイシガメが海に流されると長く耐えるのは困難と思われます。しかしミシシッピアカミミガメは、河口域なら平気です。そしてそのまま違う河川へと遡上していくのです。たくましいといえばたくましいですね。

さて、空を見るとミサゴという猛禽類が暮らしているようで、たまに水中にダイブして魚を捕まえている姿を観察できます。なかなか見られない光景ですから感動しますよ。そしてカワセミやカワラヒワ、コゲラにシギの仲間やチドリの仲間、カンムリカイツブリなども姿を見せてくれます。私の通勤路は川沿いの松林なので、そういった鳥さんたちや、アカテガニなどの陸性のカニたちを見つつ、毎日通勤しているのです。いいでしょ？

大量の「パンダウナギ」

ある日、徳島県の養鰻業者さんから「白いウナギをあげる」という連絡を受けまして、現場に向かったところ、色変わりしたウナギ数匹が網の中に確保されていました。一度にこんな多数の色彩変異個体を見たことがなかったので、非常に興奮しました。

ウナギの色彩変異個体の多くは「シロクロ」のマダラ模様で、よく「パンダウナギ」と呼ばれ、マスコミに紹介されています。白黒なら、それがマダラ模様でもパンダと呼ぶ文化が、どうも完全に根づいているようですね。その中で「これは本当に珍しい」と言われた個体は全身が純白です。完全な白化個体です。目は黒いのでいわゆる「アルビノ」ではありません。様々なパターンがあるものの、よくいわれるアルビノ個体の目は赤です（白うさぎの目が赤いでしょ？）。この場合は「リューシスティック」と呼ばれています。

それぞれの個体をよく見ると、「目は黒い」けど、「黄色味のある個体でマダラ模様」「アイボリーな個体（ほとんどこれ）でマダラ模様」「純白で一点の模様もなし」という三つのパターンに分けられました。いろんなパターンがあるなあと、感心していたら、業者さんが「色が変だと気味悪いからと食用としては全く買ってもらえない」と言います。

この純白くんは、以前地元の祭りで「幸せを呼ぶ」というキャッチフレーズで紹介されたそうです。なぜに日本人は白い生きものが幸運を呼ぶとするのか……。詳しく調べてはいませんが、家で白いヘビを飼育している私のもとへは、際立った幸運は訪れていません。

グルメで手のかかる「マダラトビエイ」

エイは各地の動物園や水族館で人気を集めています。四国水族館でも展示することになりました。大型のエイを輸送する際は尾についている毒針を切ります。長い尾の先に毒針があると思われがちですが、本当は尾のつけ根あたりに数本の毒針があります。

この針をよく見ると、ギザギザで、刺さると引っ張っても抜けないようになっています。すごい進化です。この毒針を切除しておかないと、輸送容器の中でエイ同士が刺し合いをして、最悪の場合、一方が死亡してしまうのです。「切るのはかわいそう」と思われるかもしれませんが、人間でいう爪のようなものなので、しばらくすると元に戻ります。

四国水族館にやってきたマダラトビエイはなかなかのグルメで、最初は生きた二枚貝しか食べてくれませんでした。なので、開館時間前に近くのスーパーに出かけ、パックの活アサリを毎日買いあさるという事態に。さらに、あの硬いアサリを殻ごとバリバリとかみ砕き、殻だけ吐き出しますから、定期的に潜水して、かみ砕かれたアサリの殻を集める掃除が発生するのです。なかなか面倒です。そのうち、魚肉やイカなどを食べてくれるようになるので、それまでかなり辛抱強く給餌を行うしかありません。

エイの仲間はお客様に人気があるので、他にもアカエイやマダラエイ、ホシエイなどを飼育しています。なかでもカラスエイという、その名のとおりに全身が真っ黒のエイは、水面で餌を腹側で包み込むようにキャッチして食べるという技がありまして、別名「ラッコエイ」とも呼ばれるそうです。

四国水族館に欠かせない解説板誕生秘話

当初、四国水族館は２０２０年3月20日オープン予定でした。そう、新型コロナウイルス流行の真っ最中です。一時的にお客様を迎えたこともありましたが、結局は同年6月に仕切り直しての開業となりました。

この3月から6月の間ですが、これはもう地獄でした。水族館だけではなく全ての方々が大変な思いをされていた時期だったのは言うまでもありません。しかし、休館中の水族館、誰もいない通路、当然、ＢＧＭも何もない。そのシーンとした館内で静かに泳ぐ生きものたちを眺めていると、「いったい、この魚たちは何のためにここへ来てくれたのだ」と、ものすごい虚無感というか、申し訳なさというか、絶望感に襲われました。

正直な話、当時は本当に神経が衰弱していました。外でおにぎりを食べている時におこぼれに集まってきたスズメに話しかけていたほどです。開業後にいくつかの動物園・水族館関係者と話しましたが、この業界を長く経験されている方ほど、長く続く無人の館内に、無間地獄にいるような感覚になったと言われていました。ほんとそれでした。

そんななかでも「何かしないと」といろいろ考えました。「開業しても人数制限」⇓「館内のお客様はまばら」⇓「さみしい館内」⇓「面白くないな」となってはいけないので、館内通路に手描きイラスト入りの解説板を設置しようと思ったわけです。「手描き解説板」⇓「なじみ易い」⇓「物理的に通路が埋まる」というイメージでした。

ルールは「水槽担当者が自分の担当生物を描く」「解説は基本的に経験談」「文章は短め」だけ。四国水族

実際の手描き解説板。

館の飼育スタッフは絵心のある人が多く、これがかなり評判になり、今では解説板は四国水族館に欠かせない存在となりました。自分では、絵に少しは自信があったのですが、若手スタッフの足元にも及びませんでした。これは驚きです。

自然発生したモノには必然性があり、ちゃんと意味を持って育っていくのだなあと、また一つ勉強です。この看板は他にも秘訣があるのですが、それは秘密です。コロナがなければ実施しなかったと思います。

大真面目に行う一風変わった企画展示

開業してまだ3年（この本を書いている2023年から）ですが、これまで様々な企画・特別展示を実施してきました。これは水族館の重要な広報宣伝の手法でもあり、これらの展示によって今までは水族館にはあまり興味がなかった方々にも足を運んでいただき、結果として「自然に興味を持ってもらう」という意味もあるのです。

2022年、鳥インフルエンザが流行しました。この人獣共通感染症が国内に発生すると、ステージにもよりますが（ステージごとに「発生源が水族館から半径〇〇キロの場合」

と決めているのです）、ネットを張って野鳥の侵入を防ぐなどの対策を取ります。四国水族館の周りには養鶏場も点在しますので、２０２２年の流行の際は、ペンギンを全て館内のバックヤードに移動することにしました。そうです。野外展示がゼロとなったのです。では「何もいない展示槽をどうするか？」と考え、1年目は香川在住の作家さんが作製されたキリンのオブジェを展示しました。「（ペンギンが）帰ってくるのを首を長～くして待っているよ」というキャッチコピーをつけて。かっこよかったです。うん。

そして、また翌年も鳥インフルが発生しました。「さて今度はどうする？」と考えた末、昔から懇意にしている造型師集団の海洋堂さんにお願いし、「海洋堂かっぱ館」からカッパの造形作品をお借りしました。キチンと真面目に書かれたカッパの解説つきです。このカッパは、四万十奥地の木を切り、チェンソーで細工されたチェンソーアートの作品です。一風変わった展示を、真面目にやればやるほど、お客様やメディアに認められました。四国の水産食文化に特化した展示や、丸亀城の名刀「にっかり青江」の特別展示に関連した展示（これは飼育スタッフに刀剣乱舞のにっかり青江ファンがいましたので好きにさせました）など、いろんな展示を行いましたね。

現在（２０２３年８月）は月刊誌『ムー』さんと海洋堂さんのタッグでＵＭＡの展示を

しています。「ツチノコ」「人魚」「カッパ」を真面目に紹介しています。とっかかりは某所の人魚のミイラ鑑定を頼まれたことと、うちのじいさんがツチノコを目撃した話を思い出したからです。人魚のミイラの鑑定は、なかなか深い世界ですよ。

ちなみに『ムー』の編集長である三上丈晴さんが会場内で語られていますが、子どもの時にしか見えない現象というのは本当にあると思います。私も小学校の低学年の時に「全身クリスタルのイセエビより大きいザリガニ」を目撃しています。場所も覚えていますし、捕まえようとして逃げられた記憶もマザマザと残っています。たぶんテナガエビと大きなアメリカザリガニが混じった記憶なのでしょうけど、面白いですね。

カワウソを紹介する企画展示の際には、ネット配信でサンシャイン水族館さんとアクア・トトギフさんにご協力いただきました。両館とも、カワウソに限らず様々な生物の飼育に関して、実に素晴らしい技術と情熱をもっておられるので、こちらが胸を借りるつもりでご協力をお願いしました。二つ返事で快諾いただきまして、総合コメンテーターにはココリコの田中さんに来ていただきました。田中さんは以前にライブハウスで生物関係のトークステージを開催した時のゲストでして、実はものすごく生物、特にサメの仲間に詳しい方なのです。この時もカワウソについて事前にものすごく調べておられて、コメント一つひとつにとてもキレがあり、素晴らしい内容でした。

　このような取り組みを今後も続けていきたいなと思っています。準備が大変ですけどね。

深みある展示には欠かせない個性豊かな協力者

　多数の動物園・水族館関係者さんのご協力があって、四国水族館は開業しました。その中には、元上司の倉松明男さんもいます。高知県土佐清水市出身の方で、海遊館時代は魚類係長、大阪海遊館海洋生物研究所以布利センターのセンター長を経て、現在は定年退職され、地元に戻られています。いまだに何かと気にかけて助けてくれています。私が知る限りで一番の酒飲みで、本気でビックリするくらいの酒豪です。

　海洋堂の古田吾郎さんは生物全般に詳しく、様々な造形物を作製してくださり、展示に素晴らしいコクを出してくれています。例えば瀬戸内の海を表現する場合、底引き漁にて網に入る「アケボノゾウ」の牙と歯の化石を作製してもらいました。本物と並べても絶対に見分けがつきません。これらを展示水槽に入れることで、その水槽は「瀬戸内だ」としっかり表現できるようになりました。

爬虫類ライターの冨水明さんという方も、何かと助けてくれました。自分から出てくるタイプの人ではないので、引っ張りだすのが大変ではありますが、よき参謀的人物です。高知県は柏島の黒潮実感センター長である神田優先生も、古満目の魚収集でご尽力いただきました。皆さん古くからの友人なので、本当に損得なしで動いてくれるのでありがたいです。このように、直接関係しているわけでなく間接的ではありますが、様々な業種の方の協力のおかげで、水族館の深みある展示が完成しています。

開業してすぐにお礼に行けなかった場所にも順次行けるようになりまして、2023年8月末に五島列島の福江島や玉之浦へ行ってきました。お世話になった漁業関係者の皆さんに開業後のお礼を述べてきたのですが、岸壁から海を見ると数十年前とはかなり違う風景になっていました。見られる魚種が全く違うのです。

漁師さんは「まず磯枯れが始まった。これで海藻が消えた。次にサンゴが増えだした」「獲れる魚も熱帯魚だ。沖縄みたいだ」と言います。確かに岸壁から見えるだけでも、サンゴが増えているのがわかりますし、クマノミなどの熱帯性の魚が確認できます。

懐かしい場所は、一見、何も変わっていませんが、よく見るとまるで違う場所になっていました。これが世界中で発生しているのかもしれません。恐ろしいことです。

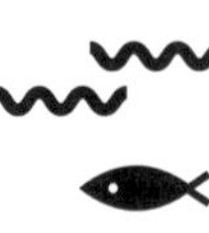

好きだからこそ話に伝わる力がこもる伝道者たち

様々な生物を展示しても、その生命の素晴らしさがお客様に伝わらないと、全く……とはいいませんが、水族館の役割が半減してしまうと感じています。水族館に来館されて「今日は楽しかったね」でもいいのですが、もう少しあがきたいのです。研究者の方々がどんなに素晴らしい研究結果を発表されても、学会誌に紹介されて少しだけニュースで話題になっても、どうしても忘れ去られてしまいます。これは生物関係だけではありませんが、なんかもったいないないのです。

それを危惧されたのが同志社大学助教の桝太一さんです。以前から取材などでご一緒していて、本当に生物が好きなんだなあと思ってはいましたが、テレビ局のアナウンサーの確固たる地位を捨ててまで、再度大学に入学し、伝える術を学び始めるという、ものすごいことをやってのける方です。桝さんは、数度の取材を含め、四国水族館に何度か来館されました。「もっと科学の話を広く子どもたちに伝えたい。本当に面白いのだから。それにはどうしたらいいか?」と、常に考えておられました。

関西で「ＭＢＳ（毎日放送という近畿圏のテレビ局）お魚博士」としてテレビに出演されている尾嵜豪（おざきたけし）さん。この方はＭＢＳのロビーに水槽を設置し、解説板も作製、魚の面白さを常に発信されています。この方とももう20年来のお付き合いなのですが、頻繁に来る連絡は１００％生物のことです。内70％が魚であと30％は昆虫・両生類・爬虫類の話です。以前に「今ねー木の上ですねん。でっかいハチの巣があってですね」という電話がかかってきたことがありました。破天荒な方です。最近は大阪の道頓堀川でニホンウナギを番組で採集されました。これが素晴らしい発見でして、キチンと論文として発表されただけでなく、テレビでも紹介され、しっかりと世間に魚のことを伝えておられました。

また関西ですが、「さかなのおにいさん　かわちゃん」という愛称で活躍されている川田一輝さんという方もおられます。普段はラジオのＤＪをされていますが、この方もまた広く魚の世界を伝えていこうとされている方なのです。何回かお会いして話を聞いていると、本当に魚が大好きだということが伝わってきました。加えてイラストも上手で、とうとう魚の解説をしている絵本を出版されました。関西人特有の笑いとオチがしっかりついた内容で、よくまあこれだけ頭が回るなあと、いつも感心します。

そして先述しておりますが漫画家の山田玲司先生です。『Ｂバージン』『ゼブラーマン』

などを執筆されつつ、最近ではＹｏｕＴｕｂｅでものすごくコアな話をされています。この方も魚や自然が大好きな方で、何度かライブハウスや先生の番組に呼ばれて語り合ったのですが、サブカルチャーの知識がすさまじく、それをまぶして語られますから、普段は絶対に魚のことなんぞ考えもしない方々の腹をえぐりつつ、脳内に生物の話が残るような内容を語られます。

ちなみに、以前先生の番組で『シン・ウルトラマン』を語るという企画がありました。私は「最初のゴメスがー」とか話していましたが、先生の話は様々な側面を包括し、哲学的な内容にも踏み込んでいて、個々の怪獣の話をしていた私は、小さくなる思いでした。そうやって人の記憶に残すのがうまい方なのです。ちなみに『ＵＭＡ水族館』という絵本も出版されていて、これまた泣きそうなほどしびれる絵本です。

こういう方々の話は本当に面白く、記憶に残る呪文のような技を持っておられるのです。共通点は「本当に好きだと伝わること」と「生物を利用して自分を売り込むことをしない。主役は生物」というあたりです。さかなクンもそうですが、「本当に魚が好きなんだな」というのがわかる人たちの話は広く伝播するのでしょう。このようなクレイジー（ほめ言葉です）な方々がまだ日本にはおられるのです。もう少しだけ未来に期待しましょう。

重く胸に刺さるコウノトリ復活プロジェクトの話

職業柄、様々な方の話を聞くのですが、兵庫県のコウノトリ復活プロジェクトさんの話が本当に素晴らしかったので、紹介させていただきます。ある日、市長さんの部屋にアポなしで、小学生３人が訪れました。「コウノトリを復活させるために無農薬の田んぼを作ってほしい」「そこの田んぼでできたお米は（たしか給食とか）ちゃんと使用して農家の方が困らないようにしてほしい」と急に申し出てきたそうです。で、この市長さんはいたく感動してその話を実現させました。

「無農薬ですから、雑草や害虫の駆除は生徒さんたちが率先して実施し、近くの川などからコウノトリが好むドジョウなどを放します。できたお米は少々高くなりますが、販売してキチンと売れるようになり、なんと経済も回したのです！」と市長さん。

やはりこの市長さんが話されたことですが、コウノトリで検索すると牛を連れたご婦人が川を歩いている写真が出てきます。周りには数羽のコウノトリが確認できます。１９６０年の撮影だそうですが、市役所の方々が調べられた当時、このご婦人はご存命だったそうです。そこで写真を見せ「これは貴方ですよね？」と尋ねると、ご婦人は「後ろ姿なのでわかりませんが、この牛は我が家の牛ですから、私なのでしょうね」とお答えになりました。そして市役所の方々が「この鳥（コウノトリ）のことを何か覚えていませんか？」と尋ねると、しばし考えられて「ああ、昔はこの大きな鳥がたくさんいましたね」と懐かしそうにおっしゃって、「もういなくなりましたね。昔はお金がなくても裕福で幸せでした。私たちがなくしたのはこの鳥だけなんでしょうかねえ」と呟かれたそうです。

この一言半句。これをシミジミと市長が絞りだすように話されて、それを聞いた時に私はものすごい衝撃を受けました。どんな保護団体の言葉より重く胸に刺さりました。この写真をよく見ると人も鳥も牛もみんななんとなくですが、楽しそうにというか幸せそうです。特に牛の歩みがすごく楽しそうに見えます。コウノトリたちも、全く人を恐れず周りにいます。もうこんな時代は来ないのでしょうか？

いい展示とは「実物大」の「本物」展示

よく「〇〇水族館は珍しい〇〇が見られていい展示だ」「〇〇水族館は展示を工夫して

いてすごくステキ」という声を耳にします。毎回「はあ、なるほど、そうですねえ」と聞いていています。そのとおりではありません。その水族館へ行くとある生物の仲間が一堂に観察できる施設があります。収集するのに時間も予算もすごくかかりますし、維持するのもかなりの努力が必要です。ほとほと頭が下がります。

有名なのが山形県の加茂水族館さんです。あのクラゲの種類とそれを維持するためのバックヤードには、展示の数倍になるクラゲたちが飼育されています。本当にタジタジとなりました。クラゲって実は海では最も身近な生物の一つなのです。それをすさまじいパッションで集め世界一のクラゲ水族館と呼ばれるまでにされました。これはたとえるなら、スズメなどをスターにしたという話と同じです。

私はこれらの現実を見つつ、「いい展示ってなんだろう?」と自問自答しているのですが、答えは「珍種希種ではなくても、なんとなく興味を持ってもらえる展示」ではないかと考えます。思い出すのは、京都水族館のオイカワの展示です。その展示の最後には田んぼの用水路を再現したのですが、自然に近い感じでオイカワが見え隠れして泳いでいます。これを見つけたお客様が「わー何かいる!　魚だ!」と興奮されるのです。さっきまでたくさんの魚を見てきたのに、チラチラと見える名前もわからない魚に大興奮する姿を見て、いい展示ってこれなんだろうなあ……と身をもって感じたのです。

「見えそうで見えない」「見えないようで見える」この感じ、第六感というかそれを刺激される「空間」と「雰囲気」ってすごくゾクゾクするのではないか？　自然の中に入った時の「何かいるぞ」という気配が、実は一番楽しいのではないか？　と思っています。

そう思ってとある方に聞くと「それはハイデッガーだよ。読んでみ」と言われ、『存在と時間』という有名な哲学書を読んでみました。1回読んで「？？？」となり数回読んでみてなんとなくそうなんだな、という思いに至りました。これを展示に生かすのは大層難しいのですが「実物大」の「本物」展示がもしかしたら近いのかな？　と。ミニチュアではいかんなあーと今に至っています。

芸術という分野があります。「芸術とはなんぞや？」という問いに開高健さんは「人間が人工物を使用して自然に近づける。表現する」という感じで定義されています。名言です。ものすごく素晴らしい美術作品があったとします。それがもし、もしですよ、サンゴ礁の真ん中に置いてあったら、皆さんは「美しい」と思われますか？　少なくとも私は無理です。「すいませんがどけてください」と思います。本物には勝てないのです。

同じ方から「なぜに仏像などが博物館にあるのと、古刹にあるのとで感じ方が違うのか？」

という質問を受けました。これに私は即答できました（当たっているかどうかは別です）。仏像は下から蝋燭で灯された時に優しい慈悲深いお顔になるよう、仏師さんたちが作製されています。博物館で上からLEDのような白がメインの波長で照らされたとしても、「美術品」としてはすごいのですが、あの慈悲深いお顔は見せていただけないのです。

魚たちも同じだと思います。周りの雰囲気や、照明が大事なのです。それらがうまく重なった時「いい展示になる」のかと。魚の種類やサイズが飛び抜けていなくても、見る方々の脳裏に残る展示がいい展示なのです。記録よりも記憶に残る展示を目指したいです。

先ほどの「いい展示」の話ですが、生物の色というのは、全てがそうではないにしろ、「自然の色」はなかなか再現しにくいものです。日本産淡水魚や海水魚、例えばシイラやサバの仲間たちなどが野生で見せるあの色艶は、水族館では同じ色合いには見えません。ライトを変えたりしても、どうしてもあのギラギラした体色にはとてもとても……なのです。釣りをされている方々には、よくご理解いただけるのでは？　と思っています。

これは魚に限った話ではありません。一部の爬虫類や両生類も同じなのです。ある種のトカゲなどは、野生だと実に美しいグリーン一色なのに、飼育しているうちにブルーになります。それはそれできれいなのですが、全く別物の色なのです。

この現象が起こる要因には、紫外線だけでなく、微量なビタミンやミネラルが関係しています。自然の再現は困難だなといつも頭を悩まされますが、それをいかに再現するかが、私たちの腕の見せどころでもあります。この本にやたら登場するオイカワなどは、蛍光灯の下ではオスの婚姻色はまず再現されません。ところが太陽光がたっぷりと差し込み、水の流れがあって、四季に応じた水温変化があれば、あの虹色を見せてくれるのです。

ちなみにオイカワのオスは派手で、メスは地味だと思われがちですが、そんなことはありません。メスの背から腹側に見られる薄くも奥深い色は、他の魚たちにはない色です。大げさですが陶磁器の青磁にも近い色合いです。「実に素晴らしい！」ので、いつも私は、初夏にオイカワを見てウットリしています。皆さんも是非どうぞ。ラスター彩陶（光のかげんで褐色や赤、金などに輝く）と青磁が一目で体験できますよ。

水族館の役割と今後

水族館の歴史などについては、他に詳しく紹介されている本が多数ありますのでそこにお任せしますが、要約すると、明治維新で薩摩藩の大久保利通さんが「これから日本が西洋列強と肩を並べるためにも国民皆が自国への関心を深め、森羅万象に興味を持って、知的好奇心を深めるために」的な発想を持って始まった動物園から生じた、「うおのぞき」なる施設が水族館の始まりではとされています。そもそも大久保さんはなぜにそう思われたかといいますと、パリ万博に使節団を派遣し、「パリに植物園があってその中に様々な動物がいます」という報告を受けて「それだ！」となられたそうです。

ここで面白いなあと思ったのは、当時（幕末）の日本にはすでにトラやオウムが見世物として存在しており、それらを連れて全国行脚している方々もいました。当時の新選組の筆頭局長・芹沢鴨さんが、「見世物小屋のトラは人間がトラの皮を被っている偽物」という話を聞いて「けしからん」と出かけ、スラリと刀を抜いてトラに向けたそうです。すごい話です。するとトラが「うおおお」とすごい声で吠えたため、閉口した芹沢さんが刀をパチリと納めて、「これは本物だよ」と言われたという記録が残っています。その後にオウムに水をかけて染物かどうか確かめたともいわれているので、動物たちには迷惑な話ではあります。どうも大久保さんはこの「見世物的」な形ではなく「教育になる」「民度を上げる」という形で動物園を始めようとしたと私は思っています。

さて、日本では「うおのぞき」、海外では「フィッシュランド」として発生した水族館ですが、当時も今も普段人間が見ることはできない水中の世界への好奇心をくすぐるという作用は変わっていません。水族館はこれからも「単なる珍種希種の見世物」ではなく「知的好奇心」を刺激する施設でなくてはならないと思っています。そうでないと、そもそも始めた大久保さんに申し訳ないなあと思うのです。ちなみに、パリ万博の入館パス（？）がまだ現存しています。顔写真入りなのですが、お侍さんが髷を結ったりりしい姿が写っており、歴史の重さに感動しています。

水族館の役割としては、「レジャー施設」「教育施設」「生物の保護」「研究」などが掲げられています。私が一方的に思っている水族館の役割は、「足元の自然を見つめ直すきっかけになる」ことです。現代は地球温暖化などの様々な要因により、すごい勢いで地球が変化しているといわれています。例えば南極の氷が溶け、多くの国に大きな影響が出ているという話は、ご存じの方も多いのではないでしょうか。しかし、これらはメディアの印象操作だとおっしゃる方々もおられます。自然の変化は、やはり身をもって体験しないとなかなか伝わりにくいのではないでしょうか。

「都会に暮らしているから自然の変化といわれてもわからないよ」と多くの方がおっしゃいます。でもですね、どんなに都会でも必ず道には街路樹や、「雑草」とひとくくりにされている植物が多数存在しています。空には鳥たちが、それがカラスの仲間だろうとハトの仲間だろうと存在します。タワーマンションの高層階でも蚊に刺されます。絶対に生命体が「人類」だけという場所はありません。それらをほんの少しでもいいので意識して見てください。必ず「あれ、昨年とは違うかも？」という発見があると思っています。

全体的に自然環境はよくなってはいません。それを自身で感じることができたら、おそらくですがゴミのポイ捨てなどが少し減るんじゃないかなあと思っています。これは前職の上司であるMさんという方の言葉ですが、「水族館って学校の授業でいうと生物だ、理科だ、といわれる。まあ、それもあるけど、道徳の授業だと思う」とおっしゃいました。私もそう思います。食品として「○○が不漁だ」「不作だ」というのでもいいのですが、では何で不漁、不作だったのか？　と思いつつ命を「いただきます」として食べていたら、食べ物を残したり変ないたずらをして無駄にしたりなんてことは、少しずつ減ると期待しています。

水族館の飼育係は、動物園や植物園もそうですが減りゆく野生生物の「命」を預かるという非常に特異な資格？　権利？　を与えられた職業です。その「命」を預かるという「覚悟」を持って飼育係は、その任にあたっていると信じています。そして、これは様々な園館さんが個々に掲げておられますが、私は今の職場（四国水族館）の仲間には、水族館に来館されたお客様たちが、「楽しかったね、また来ようね」ではなく、「楽しかったね、次の休みには近くの◯◯（この◯◯は海、川、山等々、どこでもいいです）に行こうか？」と、自然の世界へ向かっていけるような水族館にしようね、少しでも自然に目が向くような展示を目指そう、帰りに書店で生物図鑑を購入したくなるような水族館を目指そうと話しています。これは経営陣の方々には内緒です。でも本気で思っています。水族館を訪れた後は森羅万象に目を向けていただければ幸甚です。私の勝手な解釈ではありますが、「次世代水族館」とは次世代に極力自然環境を「残す」「渡す」ものと理解しています。

皆さん、最後まで読んでくださってありがとうございます。皆さんの周りにも、意外な自然や野生が残ってくれています。私が保証します。その自然や野生を発見する喜びを感じてもらえることを、丸亀の「ほくろ屋」という、やたら地魚が美味な店で純米大吟醸などをすすりつつ祈っています。

●参考文献

・『新選組始末記』子母澤寛 著（中央公論新社）
・『新選組戦場日記　浪士文久報国記事』永倉新八 著（KADOKAWA）
・『存在と時間』マルティン・ハイデガー 著、熊野純彦 訳（岩波書店）
・『釣りキチ三平』矢口高雄 著、高橋昇 写真（講談社）
・『オーパ！』開高健 著、青柳陽一 写真（集英社）
・『河は眠らない』開高健 著（文藝春秋）
・『陰摩羅鬼の瑕』京極夏彦 著（講談社）
・『ぼくの動物園日記』飯森広一 著（集英社）
・『絶望に効く薬』山田玲司 著（小学館）
・『UMA水族館』山田玲司 著（文響社）
・『Bバージン』山田玲司 著（小学館）
・『魚偏漢字の話』加納喜光 著（中央公論新社）
・『魯山人の料理王国』北大路魯山人 著（文化出版局）
・『なぜ私たちは理系を選んだのか　未来につながる<理>のチカラ』桝太一 著（岩波書店）
・『海遊館機関紙かいゆうVol.13』大阪ウォーターフロント開発株式会社 大阪・海遊館 編
・『芥川（大阪府高槻市：淀川水系）産魚類標本目録―1970年代・中流～下流域―』花崎勝司 著

●写真クレジット

2ページ：オイカワメス©tarousite/PIXTA、ウグイ©yamasemi/PIXTA
3ページ：ハリヨ©やなぎ/PIXTA、ニッポンバラタナゴ©ノリック/PIXTA
4ページ：ピラルク©Skylight/PIXTA、ブラックピラニア©シロネ/PIXTA
5ページ：ブリストル朱文金・ロンドン朱文金©JuanCarlosPalauDiaz
8ページ：イロワケイルカ©wataru.a/PIXTA
11ページ：玉之浦©kattyan/PIXTA、芥川©pheeby/PIXTA、清水港©京橋治/PIXTA
90ページ：ノコギリエイ©blickwinkel/AlamyStockPhoto

提供写真は写真横に掲載、クレジットのないものは著者提供

著者

下村実（しもむら・みのる　SHIMOMURA Minoru）

1965年大阪府生まれ。近畿大学農学部卒業。海遊館の立ち上げに関わり、以降生物の飼育を中心に30年以上勤務。その後京都水族館・すみだ水族館の立ち上げに関わり、京都水族館館長を経て、2020年より四国水族館飼育展示部長。2024年4月から公益財団法人日本モンキーセンター園長。

スタッフ

編集協力・DTP／株式会社クリエイティブ・スイート

本文デザイン／伊藤礼二（T-Borne）

校正／株式会社鷗来堂

編集担当／奥迫了平、田丸智子（ナツメ出版企画株式会社）

本書に関するお問い合わせは、書名・発行日・該当ページを明記の上、下記のいずれかの方法にてお送りください。電話でのお問い合わせはお受けしておりません。
・ナツメ社webサイトの問い合わせフォーム
https://www.natsume.co.jp/contact
・FAX（03-3291-1305）
・郵送（下記、ナツメ出版企画株式会社宛て）
なお、回答までに日にちをいただく場合があります。正誤のお問い合わせ以外の書籍内容に関する解説・個別の相談は行っておりません。あらかじめご了承ください。

ナツメ社 Webサイト
https://www.natsume.co.jp
書籍の最新情報（正誤情報を含む）はナツメ社Webサイトをご覧ください。

水族館飼育係だけが見られる世界
―毎日は発見と感動に満ちている―

2024年 5 月 1 日　初版発行
2024年 8 月20日　第２刷発行

著　者　下村実
発行者　田村正隆

発行所　株式会社ナツメ社
東京都千代田区神田神保町 1-52 ナツメ社ビル 1F（〒101-0051）
電話　03（3291）1257（代表）　FAX　03（3291）5761
振替　00130-1-58661

制　作　ナツメ出版企画株式会社
東京都千代田区神田神保町 1-52 ナツメ社ビル 3F（〒101-0051）
電話　03（3295）3921（代表）

印刷所　広研印刷株式会社

ISBN978-4-8163-7539-2
Printed in Japan